DE L'IMPUISSANCE

DES

MATHÉMATIQUES

POUR ASSURER

LA SOLIDITÉ DES BATIMENS.

IMPRIMERIE DE H. L. PERRONNEAU.

DE L'IMPUISSANCE
DES MATHÉMATIQUES

POUR ASSURER

LA SOLIDITÉ DES BATIMENS,

ET

RECHERCHES

SUR LA CONSTRUCTION DES PONTS;

Par Charles-François VIEL,

Architecte de l'Hôpital général, Membre du Conseil des travaux publics du département de la Seine, de la Société libre des sciences, lettres et arts de Paris.

A PARIS,

Chez
{
L'Auteur, rue du Faubourg St.-Jacques, près le Val-de-Grâce.
Vᵉ. Tilliard et fils, rue Pavée-St-André-des-Arcs.
Au Bureau des grands prix d'architecture, rue du Théâtre-Français, nᵒ. 5,
}

XIII. — 1805.

AVIS.

Ce chapitre est le second de la deuxième partie des Principes de l'ordonnance et de la construction des bâtimens. Les différens ouvrages que j'ai publiés depuis que la première partie est au jour (1), composent, avec celui-ci, le second volume qui termine mon Traité d'Architecture. Ces ouvrages seront classés dans l'ordre suivant :

De la Décadence de l'Architecture, à la fin du 18e. siècle.

De l'Impuissance des Mathématiques pour assurer la solidité des bâtimens.

Des Fondemens des édifices publics et particuliers.

Des Points d'appui indirects.

De la Construction des Édifices publics sans l'emploi du fer.

Construction des Entablemens et des Plafonds.

De l'Usage du fer dans les bâtimens particuliers.

Moyens pour la restauration des piliers du dôme du Panthéon-Français.

Plans et coupes du Projet de restauration.

Un troisième volume complette mon œuvre, il comprend les planches des édifices que j'ai composés et construits.

(1) Principes de l'ordonnance, etc. Première partie. Paris, 1797.

DE L'IMPUISSANCE

DES MATHÉMATIQUES

POUR

ASSURER LA SOLIDITÉ DES BATIMENS.

L'ÉTUDE des mathématiques est généralement utile ; celui qui possède quelqu'instruction, admire la propriété qu'ont les grandeurs exprimées par des figures, par des signes convenus, et selon l'ordre ou l'aspect sous lequel on les considère, d'offrir des vérités impossibles à découvrir sans le secours de cette science. Toutes les fois donc que les mathématiques agissent sur des quantités fixées par l'esprit, tout est vrai, tout est positif, tout s'accorde dans les résultats (1). Mais il n'en est pas de même lorsqu'elles opèrent sur des quantités physiques dont les qualités sont incertaines, dont les substances, les modifications varient à l'infini, dont les relations et les rapports dépendent d'une foule de causes fortuites qu'elles ne peuvent saisir, ni prévoir. Ainsi, tandis que tout est certain du côté de la science, tout est hasardé, tâtonnement dans l'application de ses loix ; vérité que je démontrerai dans ce discours, par les faits.

---

(1) MM. Euler, Bernouilli et un autre savant de l'académie de Berlin, traitèrent séparément une même question théorique ; et leurs calculs particuliers donnèrent la différence de 99 à 100 et 101. Voilà les mathématiques pures qui manquent d'un accord parfait dans leurs résultats.

J'ai rendu hommage, dans la première partie de ce livre (1), aux travaux des Lahyre, des Parent, des Fraisier qui, les premiers, au commencement du 18e. siècle, ont trouvé des formules à l'aide de l'algèbre, applicables à la construction des édifices ; mais j'ai observé en même tems que ce sont plutôt des théories piquantes, que des moyens absolus pour obtenir une solidité complette dans les bâtimens.

Le discours précédent (2) a fait appercevoir la nécessité pour l'architecte, de la science de la construction ; celui-ci en est le complément par les idées, les vues développées, par les exemples et les définitions propres à ce même sujet, par les applications déterminées qui s'y rencontrent. Ce discours apprend que l'architecture se suffit à elle-même, et renferme, dans ses productions les plus estimées, tous les principes qui appartiennent à l'art de bâtir. Elle ne fait point les règles, elle les crée.

Les beaux monumens ont produit en même tems le précepte et l'exemple pour ordonner et construire les divers édifices que nos besoins exigent, parce que tout est connexe dans toutes les parties d'un même art (3), principe que j'ai publié, et que je rappelle autant de fois qu'il doit figurer dans les différens sujets qui y sont liés. Cette proposition est le théorême fondamental d'où découlent les vérités qui constituent la science de la construction, et dont la démonstration prouvera que : « En toute espèce d'ouvrage, les grands modèles font la règle : « l'art consiste à les imiter. »

(1) Principes de l'ordonnance, etc. Chapitre XXXIV, p. 199. Paris, 1797.

(2) Décadence de l'architecture, à la fin du 18e. siècle, année 1800.

(3) Principes de l'ordonnance, etc. Chapitre XXXIV, p. 200.

M. Quatremère-de-Quincy, dans son savant ouvrage de l'État de l'Architecture égyptienne, Paris, 1803, dit :

« Il est difficile que tout ne soit pas con-« nexe dans toutes les parties d'un même « art. »

COMME les principes de l'ordonnance, ceux de la construction se composent de connoissances théoriques et pratiques.

J'AI démontré dans ma première partie, en quoi consiste la théorie et la pratique de l'ordonnance ; je dis dans cette seconde partie en quoi consiste la théorie et la pratique de la construction. Ces quatre espèces de sciences analogues appartiennent à l'invention, à l'exécution des édifices ; elles constituent l'architecture. Il faut donc que l'artiste les possède sans exception ; il faut qu'il sache composer et construire.

AINSI l'architecte dont les dessins prouvent qu'il a de l'imagination, qu'il est familier avec les grands modèles, s'il a manqué d'occasions de juger par l'exécution de la bonté de ses plans, il ne sera point un ordonnateur d'un vrai talent (1). En vain aussi posséderoit-il la partie théorique de la construction ; dès qu'il n'a point bâti, il ne peut être compté au rang des constructeurs, conséquemment prétendre à une célébrité durable (2).

AINSI, le mathématicien qui n'est pas doué du génie de l'architecture, qui ignore les principes de l'eurithmie, qui ne se doute pas des genres, du caractère, des convenances auxquels les édifices sont soumis, qui ne sait en quoi consiste les dispositions générales des plans, ni l'accord que les masses doivent avoir ; dont le cours d'études de cet art a été superficiel ; ce mathématicien ne produira que de misérables compositions en architecture. En vain possède-t-il la méca-

(1) Principes de l'ordonnance, etc. Chapitre XLII, p. 238.

(2) Décadence de l'architecture, etc., page 29.

Plus d'un architecte de nos jours ont joui de leur vivant, comme dessinateur, d'une réputation capable de flatter l'amour-propre ; et déja leur mémoire est éteinte, leurs portefeuilles restent dans un oubli profond.

Tel sera le sort de ceux qui brillent sur la scène aujourd'hui, par le seul talent du dessin.

nique, la statique ; dès que les relations qui doivent exister entre les pleins et les vides dans un plan lui sont inconnues, ce savant ne fera que des constructions vicieuses et hasardées.

Donc l'architecture exige absolument, pour être traitée avec succès, le concours de la science théorique et pratique de l'ordonnance, avec celui de la science théorique et pratique de la construction, puisées dans les chefs-d'œuvre de l'art.

Bientôt ces diverses propositions vont acquérir un développement nécessaire dans l'examen des bâtimens faits par des architectes vivans, et de bâtimens érigés par des géomètres de nos jours. Cet examen apprendra que les premiers manquent de plusieurs branches de connoissances de leur art ; que les derniers ignorent les plus simples élémens de l'architecture.

La plupart des jeunes architectes, de ceux qui ont fait des cours brillans dans la première école de l'Europe, celle de Paris, malgré les ressources encore de leur voyage d'Italie, ne réalisent point les flatteuses espérances qu'on en avoit conçues, ni dans la composition, ni dans la construction des édifices confiés à leurs talens. Or, le défaut de la pratique de l'ordonnance, le défaut de la science théorique et pratique de l'art de bâtir en sont les causes principales.

Je ne confondrai point cette classe estimable d'architectes, avec une autre classe que nous voyons de nos jours sur le trotoir où l'intrigue les a fait monter, dont les productions sont les plus choquantes et dénuées de tout intérêt, ainsi que l'exemple suivant va le prouver.

Un monument nouveau s'érige ; il est situé auprès d'un grand temple qui compte six à sept siècles d'origine. Cet édifice, petit dans sa masse, sans caractère dans ses formes, accablé sous le poids de combles qui

le

le surmontent, s'élève à peine à la hauteur de l'imposte d'un bâtiment
moderne dont il est voisin , érigé par un homme de génie, en 1740, et
avec lequel il devroit être impérieusement en concordance dans son module , et comme lui proportionné à la masse de l'ancien monument,
et à la vaste enceinte de la place qu'ils décorent. Une conception aussi
pauvre blesse les yeux les moins exercés sur l'architecture.

La remarque suivante se lie avec tout ce qui précède sur les causes
qui provoquent la décadence de l'architecture, et dans l'ordonnance et
dans la construction. Je veux dire la direction nouvelle que l'instruction publique de cet art a éprouvée au milieu de nos orages politiques.

Les projets que l'on donne aux élèves à composer , pour obtenir
le prix d'émulation , sont, le plus souvent, importans dans leur objet. Les concourans se livrent pour les rendre à toute l'effervescence de
leur imagination. Ce travers de jugement a été fomenté encore par le
succès , comme on le reconnoît dans plusieurs des prix remportés que
la gravure publie (1).

Il ne faut point sans doute comprimer la pensée des jeunes gens.
« Je veux , dit un ancien, qu'un jeune homme donne carrière à son
« esprit, et qu'il montre de la fécondité. » Quintilien n'aimoit pas que,
dans ses élèves, le jugement précédât le génie ; mais il en dirigeoit
avec attention les études ; ses préceptes le prouvent assez. Et comme les
premiers essais de compositions prennent , le plus souvent , la teinte
du goût régnant , il en résulte pour les élèves ou de la rectitude ou des
écarts dans leurs ouvrages.

Les juges qui distribuent les couronnes dans les cours publics doivent

(1) Cette collection sera très-utile pour l'histoire de l'art. MM. Détournelle , Vaudoyer et Alais, architectes, en sont les auteurs.

B

donc le faire avec la plus sérieuse réflexion ; se défendre eux-mêmes de tout motif personnel , de tout esprit systématique , et sur-tout de celui de la mode dans les formes , altération causée par l'incapacité ou le desir d'un succès éphémère.

Quant aux géomètres qui exercent l'architecture , leurs productions , sous le rapport de l'invention et sous celui de la construction , prouvent la nullité des mathématiques pour l'ordonnance, et leur impuissance pour la solidité des édifices. Les faits attesteront cette assertion générale.

Lors du célèbre concours de l'an VIII, pour les colonnes nationales , un grand nombre de mathématiciens parurent dans l'arène , et tous les projets qu'ils exposèrent au Louvre étoient d'une foiblesse extrême de composition. Cela est de notoriété publique.

Eh ! comment auroient-ils pu produire de grande , de belle architecture , eux , dont les plus habiles comme savans , ne se doutent pas du besoin de savoir les règles de cet art, d'étudier les modèles qu'il a produits , de s'instruire des effets dans l'ordonnance et dans la construction ; eux qui , ne connoissant aucun des attributs essentiels de l'architecture , viennent nous proposer de convertir un arc de triomphe en une fontaine ! Jamais une pareille idée n'auroit germé dans la tête d'un homme de lettres , que l'on croit communément moins familier que le savant avec cet art.

Delille a dit :

> Motivez.... toujours vos divers édifices :
> Au site assortissez leur figure , leur masse ;
> Sachez ce qui convient ou nuit au caractère (1).

A la vérité , les géomètres publient avec complaisance de prétendus avantages qu'on leur doit dans l'art de bâtir.

____

(1) Poëme des Jardins.   Chant IV.

« La science, selon eux, a tout soumis à des calculs fixes et cer-
« tains, et a opéré de nos jours, de grandes améliorations dans la
« construction des bâtimens. »

Cherchons la preuve d'une pareille assertion.

Les mathématiciens dénués, comme je l'ai dit, de connoissances
ordinaires en architecture, font dépendre la science de la construction, des théories qu'ils possèdent. Dans cet esprit, sur de simples
esquisses informes, ils se livrent aux calculs pour déterminer les
quantités cubiques qui doivent se faire équilibre. Nous allons voir
les résultats de cet esprit systématique.

Tel édifice avant de sortir de leurs mains, a fléchi dans le cours
des travaux, et conserve des élémens divers de destruction, malgré
les corrections importantes qu'il a subies.

Tel autre, érigé contre toutes les convenances locales, est un assem-
blage de formes, qui déplaisent aux yeux les moins connoisseurs.

Je pourrois multiplier les exemples en bâtimens publics et particuliers aussi vicieux dans leur ordonnance, que peu solides dans
leur construction. Ici un château dont le plan parallélograme est
sans proportion, et distribué en logemens presqu'inhabitables ; là,
c'est le péristyle d'un temple, dont les colonnes ont éclaté lorsque
l'entablement a été construit. Je me bornerai à décrire plus particulièrement les deux premiers monumens que je viens de dé-
signer.

Le premier de ces édifices est le pont de la Cité, à Paris, construit en 1803. Ce pont, de trente pieds de largeur, consiste en une
seule pile de pierre de huit pieds de grosseur, et demi-circulaire

à ses extrémités , érigée dans le milieu du canal de la Seine (1) , portant deux arches semblables , dont la courbe est un segment de cercle décrit par un rayon de trente-une toises de longueur , et la flèche presque nulle , n'ayant de hauteur que six pieds ; la corde , quinze toises.

Une pareille ordonnance est contraire aux principes fixés par les plus savans architectes. « L'imparité des arches , dit Léon-Baptiste « Alberti , est toujours plus délectable qu'autrement , et s'en trouve « l'œuvre plus forte (2). »

La construction du pont de la Cité est mixte et très-compliquée; la pierre, le bois , le fer , le cuivre , le goudron , la peinture , y sont employés. Les deux voûtes à double courbure , on ne sait pourquoi , ont leurs voussoirs faits en bois , extradossés à onze pouces ; les parties supérieures sont doublées en cuivre ; les parapets couverts en tôle ; la tête des deux arches est appareillée en figure de claveaux avec des plateformes. Sous chaque voûte , neuf tirans en fer rond , taraudés à leurs extrémités , et pendentivement placés , retiennent l'écartement des cintres de tête ; dix courbes en fer plat , distribuées également et fixées sur les voussoirs , composent l'armature extérieure et visible ; les mêmes voûtes sont à leur extrados , unies avec le front de l'édifice par quatorze décharges ou harpons. Les fondations des trotoirs ont d'abord été construites en maçonnerie , érigée sur un plan convexe et en cuivre ; de petites voûtes en brique s'appuyoient sur les reins des arches et des culées; l'aire du pont avoit été remplie de galets pour recevoir la forme du pavé ; et les trotoirs eux-mêmes , composés de cours d'assises en

(1) La largeur totale de ce bras de la Seine , prise au niveau des pilots , est de 31 toises.

(2) Art de bien bâtir, livre IV, chap. VI, verso de la p. 70.
Paris , 1553.

pierre , couverts de dalles , étoient défendus par de nombreuses bornes aussi en pierre.

TELLE étoit la structure première de toutes les parties du pont de la Cité ; mais bientôt les effets les plus sinistres s'y manifestèrent. On n'avoit point calculé sans doute , que la charge des galets opéreroit un mouvement en contre-haut, sur les étriers adhérens aux voûtes qui soutiennent les tirans extérieurs des cintres de tête. Il a fallu la rupture de l'un de ces fers , pour déterminer sur-le-champ : suppression des étriers , démolition des voûtes en briques , de la fondation des trotoirs , des cours d'assises en pierre. A ces constructions succèdent des bâtis de charpente , des planchers , de simples dalles pour les trotoirs , dont la bordure est en bois , et une forme de sable pour la chaussée , faite en pavés de grès (1).

CEPENDANT , les mathématiciens nous disent :

« DEPUIS que la géométrie a été appelée au secours de la cons-
« truction des ponts , et qu'elle en a éclairé la pratique , les
« ouvrages ont cessé d'être abandonnés au tâtonnement (2). »

CE pont déroge en tout aux loix de la solidité. Selon Alberti :

« LES berceaux et arches de pont doivent être de la plus grande
« force et subtile fermeture qu'il est possible édifier , tant pour
« plusieurs bonnes raisons , qu'entr'autres pour ce que sans cesse
« elles sont ébranlées par le rouage des chariots et charrettes , qui
« font émotion plus grande que l'on ne pense. »

(1) Le Journal des Bâtimens, des Monumens et des Arts a publié mes observations préliminaires sur ce pont.

N°. 280, 17 floréal an XI (1803).
(2) Dictionnaire des Ponts-et-Chaussées. Lausanne et Paris , 1789.

Or, le pont de la Cité, par la nature de son ordonnance et de sa construction, par ses dimensions en largeur, longueur, épaisseur, par l'extrême petitesse de la montée des voûtes et de leur double courbure, reste d'autant plus soumis à l'ébranlement des voitures.

Dans cette composition, les formes protectrices du fond ont été méconnues. Jamais un architecte habile n'auroit tracé un pareil plan; ses ouvrages, toujours soumis à des proportions, ne peuvent offrir des écarts aussi grands contre la solidité.

Pourquoi les auteurs de ce pont, voulant construire des voûtes en bois sur des piles en pierre, n'ont-ils pas employé les moyens aussi simples que solides de Palladio (1)? Pourquoi n'ont-ils pas saisi l'ingénieuse pensée de Perrault, pour de semblables constructions (2)? Le pont de la Cité, bâti selon les procédés de l'un ou de l'autre de ces deux grands architectes, auroit réuni, convenances dans les formes, solidité dans la structure.

Le second édifice qui va fixer notre attention dans l'importante discussion que j'ai entreprise, dont les conséquences sont du plus grand intérêt pour les progrès ou la chûte de l'architecture, ce second édifice est le pont du Louvre (3). La largeur est de trente pieds; la longueur, cinq cent-seize pieds. Le plan est composé de huit piles en pierre, arrondies à leurs extrémités, ayant six pieds d'épaisseur et vingt pieds de hauteur. Les neuf arches sont construites chacune, par cinq fermes simples, en fer fondu, ayant trois pouces sur six pouces de grosseur, et leur arc de

---

(1) Livre III, chap. VIII.

(2) OEuvres diverses de physique et de mécanique, deuxième vol., planche X.

Leyde, 1721.

(3) Ce pont est à l'usage seul des gens de pied.

cercle, onze pieds de flèche ; elles sont armées de six supports à l'extrados, tous de niveau et fondus du même jet. Les fermes sont construites chacune de quatre pièces s'assemblant à mouffles, unies sur la largeur du pont, par quinze entretoises en même espèce de fer ; unies sur la longueur, au-dessus des piles et des culées, par autant de segmen des cercle d'un calibre égal, garnis de trois supports pareils aux précédens. Une file de cinq montans en fer forgé, établie dans l'axe des piles, enlacée d'entretoises vers la moitié de la hauteur, dont chaque montant est consolidé par deux contre-fiches dans le même plan, et contreventé à la tête par des liens qui s'appuient sur les différens arcs. Toutes ces pièces complettent la construction des neuf arches en fer.

Sur cette carcasse visible, sont établies des lambourdes assemblées dans les supports des fermes ; sur elles repose un chassis en charpente, garni de croix de St.-André, qui reçoit immédiatement le plancher du pont, fait en plateformes de trois pouces d'épaisseur.

Ce pont, par la maigreur du plan et de sa structure, est d'une ordonnance gothique. Ce pont, par sa situation, par l'élévation énorme de douze pieds six pouces au-dessus du pavé du quai du Louvre, dont l'exhaussement ne peut s'opérer sans encombrer l'entrée au midi de ce palais ; toutes ces dispositions ont détruit les grands effets du tableau le plus magnifique qui existoit en ce genre, composé des fabriques du Louvre lui-même, des Quatre-Nations, du fleuve et de tout ce qui encadre son canal. Ce pont d'ailleurs est exposé, par sa position, à des accidens réels et inévitables.

Il est de principe que le plan d'un pont soit perpendiculaire au cours de la rivière qu'il traverse. La raison en est que les

piles dans cette position , ne présentent au courant que la moindre
face , et lui opposent leurs masses entières , ainsi qu'aux efforts de
toute nature , contre lesquels elles doivent résister. Le service de
la navigation veut également cette même position.

« Il faut , dit Alberti , éviter principalement les détours des
« rivages, les pointes qui sont en forme de coude, et le tout pour
« autres raisons que pour ce , que toute sorte de bois , tranches ,
« et autres arbres entiers , que les déluges d'eaux ravissent aux
« champs, ne peuvent passer et couler par ces pointes ou coudes ,
« droitement et à délivre , etc. (1). »

Il en est bien différemment au pont du Louvre , dans sa partie
méridionale. De ce côté , la Seine, après avoir été divisée en plusieurs bras à son entrée dans Paris , par les îles Louviers, St.-Louis
et Notre-Dame , se réunit en un seul lit, après son passage sous
le Pont-Neuf. On sait que le bras du midi forme un angle sur celui
du Nord ; et c'est précisément à cette jonction que le pont du
Louvre est érigé. Conséquemment les piles sur le côté méridional ,
présentent leurs flancs au courant ; d'où il résulte qu'elles sont ex-
posées à toute l'action , à toute la violence , l'impétuosité des débordemens et des débacles. Mais cette position est encore des plus
nuisibles à la navigation ; les accidens divers de trains de bois, de
bateaux brisés , en sont les preuves (2). Cependant ce pont est l'ouvrage de savans très-versés dans l'hydraulique.

(1) Quatrième liv., chap., VI pag. 69.

(2) Journal des Bâtimens, des Monumens, etc. N°. 321, 8 vendémiaire an XII,
p. 38 et 39.

Idem, n°. 351, 23 nivôse an XII.

Deux trains de bois, en moins de huit
jours , se sont brisés contre la même
pile.

N°. 381, 8 floréal an XII, on lit, article
variété :

« Hier, sur les onze heures et demie ,

LA

La description des deux nouveaux ponts de Paris , l'un et l'autre bâtis en 1803 , les observations qu'ils ont fait naître , conduiront aux distinctions suivantes , sur leurs constructions.

Le premier, celui de la Cité , tend à une ruine inévitable , dans le manque d'un équilibre parfait entre toutes ses parties ; défaut qui le soumet à un mouvement interne , qui agit contre sa solidité.

Le second , celui du Louvre , restera dans un repos absolu , autant que les piles n'éprouveront aucune altération dans leur foible volume , ni de choc extraordinaire , accidens dont ce pont ne peut être constamment garanti.

Je ne donnerai dans ce moment qu'une description sommaire du pont du Jardin des plantes , dont les travaux sont en activité (en 1805). La longueur est de quatre - vingt - huit toises quatre pieds ; la largeur , trente-six pieds. L'ordonnance consiste en quatre piles de huit pieds , et cinq arches de cent pieds , dont la courbe est un segment de cercle ; les culées ont deux pans coupés de neuf pieds à leurs extrémités. Chacune des arches sera composée de sept fermes en fer coulé , ainsi que les voussoirs qui doivent les revêtir. Ces fermes seront couvertes à leur extrados , de plaques aussi en fer coulé , qui constitueront le plancher sur lequel la forme de sable et le pavé seront établis (1).

« un train de bois s'est encore brisé contre « les piles du pont du Louvre ; et l'on a « craint que les mariniers qui se trouvoient « à l'extrémité d'amont ne fussent précipi- « tés dans la rivière. Chaque jour se re- « nouvellent des événemens de cette nature ; « aussi les mariniers ne veulent point ga- « rantir ce passage difficile. »

(1) Les Annales de l'architecture et des arts donnent des détails de la construction de ce pont.

N°. 1er., 16 germinal an XIII. — 1805.

Le pont du Jardin des plantes , par son ordonnance , sera dans son aspect , véritablement aérien ; par sa construction , il est une sorte de mécanique. Comment , sous le rapport de la solidité , n'avoir point jugé que plus un édifice de ce genre est composé de parties , plus il est exposé , au moins , à des réparations aussi dispendieuses que fréquentes ? Dans ce pont , les fermes , les voussoirs, n'auront de solidité que par leurs assemblages nombreux, dont les écroux seront les nœuds principaux. Ces assemblages éprouveront de continuels ébranlemens , par le mouvement des voitures les plus pesantes qui le traverseront , et par suite , une altération dans leur force première. Les plaques de fonte du plancher , aussi en fer coulé , recevront également des commotions incalculables ; et quelque solides qu'elles soient dans un état d'immobilité absolue , et chargées du plus grand poids , leur nature cassante rend leurs forces nécessairement éventuelles , soumises à des chocs aussi irréguliers que fréquens.

De pareilles considérations n'auroient-elles pas dû faire abandonner dans l'ordonnance du pont du Jardin des plantes , les segmens de cercle ; dans la construction l'emploi du fer ? Pourquoi ne l'avoir point composé dans le genre des ponts des anciens , pour les formes , et construit tout en pierre ? Certes le Gouvernement , qui consacre aujourd'hui des millions pour des travaux hydrauliques , auroit accueilli des projets grandement conçus , solides par la bonté de leurs plans et par la nature de leur construction , s'il lui en avoit été présenté de tels. Il n'y a rien de bon à dire pour légitimer l'espèce bisarre et pauvre des nouveaux ponts érigés dans la capitale de la France , depuis quinze ans.

Pour donner une garantie irrécusable aux observations précédentes contre le système actuel et léger de bâtir les ponts , je vais mettre en parallèle les différens ponts construits depuis deux siècles à Paris , dont l'ordonnance ainsi que la construction , en offrant des variétés aussi intéressantes qu'utiles et instructives , portent un caractère imposant de solidité réelle , sanctionnée par le tems.

LE Pont-neuf est celui qui se présente le premier à notre examen. Malgré la difficulté infinie que causoient la divergence et la grande inégalité dans la largeur des deux bras de la Seine , au lieu où il existe , Ducerceau a néanmoins satisfait rigoureusement à la loi de position , et concilié dans l'ordonnance générale , les dimensions les plus disparates entr'elles. Pour y parvenir , cet architecte trace son plan en se rapprochant de très-près de l'axe des deux courans ; il jette à la pointe de l'île Notre-Dame , au couchant , un avant-corps dont la masse large , bien ensemble , devient le lien commun entre la partie du midi et celle du nord. Toutes les arches du pont sont en plein cintre ; cinq sur la première et sept sur la seconde. Celles-ci sont à vive arête , excepté l'arche qui s'attache à l'avant-corps ; elle est évasée en forme de corne de vache , et devient ainsi en concordance avec les autres , qui sont d'un plus grand diamètre. Les cinq arches sur le petit bras , ont toutes un semblable évasement , et se rapprochent d'autant plus des dimensions de celles du grand bras. C'est par ce moyen ingénieux que le spectateur , placé à une distance convenable , jouit de l'apparence d'un tout régulier , malgré les différences considérables qui existent dans la vraie grandeur des douze arches , et les proportions respectives des piles. Le Pont-neuf réunit donc tous les genres de beautés : grands effets dans l'ordonnance , savante distribution entre les pleins et les vides , solidité complette dans sa construction. Le génie seul de l'architecte a produit cette admirable fabrique (1) , dans laquelle rien n'a été abandonné au hasard ni au tâtonnement.

(1) J'ai fait dans la première partie de cet ouvrage , un parallèle particulier du Pont-neuf avec celui de la place de la Concorde , bâti en 1790. Je m'explique ainsi :

Si le Pont-neuf est à tant de titres le plus beau pont de l'Europe, les autres ponts anciens de Paris doivent être aussi classés dans un rang distingué. Les principaux sont : les ponts Marie, de la Tournelle, Notre-Dame, les ponts au Change et des Tuileries. Quant au pont St.-Michel et celui qui lui est parallèle au levant, dit le Petit-pont, et les deux ponts de l'Hôtel-Dieu, ces quatre derniers sont les moins considérables. Le pont St.-Michel est celui d'entr'eux le plus important. Ils prouvent tous combien l'architecture a de ressources pour varier ses inventions, construire les monumens de tous les genres, les plus solides, sans avoir recours à la géométrie, qui, de l'aveu des mathématiciens, n'a été appelée que depuis soixante-quinze ans dans la construction des ponts. Les ponts de Paris, sans exception, dont le plus ancien date du règne de Henri IV, et le dernier de celui de Louis XIV, subsistent entiers tels qu'ils ont été érigés dès leur origine, tandis qu'une foule de ponts modernes, dont les géomètres ont déterminé les moyens de solidité, les uns ont écroulé, les autres sont plus ou moins altérés dans leur construction.

Le pont de l'Ardèche, par exemple, commencé en 1757, terminé en 1776, écroula en 1790. Ce pont étoit composé de vingt-deux arches d'un moyen diamètre ; celles du côté du département du Gard, étoient en plein cintre ; les autres, de forme elliptique. L'écroulement de neuf des arches, s'est opéré sur trois points différens.

Un auteur dont l'objet particulier de ses études sont les mathéma-

«Il faut espérer, pour l'honneur des arts, que le système de légèreté admis depuis cinquante ans dans la construction des ponts, ne se perpétuera point. A l'avenir, les grands principes et les belles formes qui en sont inséparables, seront, après un long exil, réintégrés dans tous leurs droits lors de l'érection des ponts que le service public exigera.

Principes de l'ordonnance et de la construction, etc., p. 206.

tiques appliquées à la construction des bâtimens , vient de rendre compte dans son ouvrage :

« DE la chûte de quelques arches de ponts modernes et des acci-
« dens plus ou moins graves qui ont eu lieu au décintrement de
« plusieurs autres, comme aux ponts d'Orléans, de Mantes , et sur-
« tout de Nogent-sur-Seine. »

« LES ponts de Courseau en Languedoc (nous apprend un autre
« ouvrage), le premier de Moulins , celui de Saumur , se sont
« écroulés avant d'être ragréés (1). »

CES citations prises dans des sources différentes et sûres , et de notoriété publique, garantissent la vérité de ces faits.

MAINTENANT , après avoir traité des ponts , je crois devoir sou-
mettre aux architectes et aux amateurs des arts, l'ordonnance et la construction de celui que j'ai composé pour le même lieu où l'on érige sur la Seine , le pont du Jardin des plantes , conduit à cette étude par mes diverses recherches sur ce genre d'édifice hydraulique (2).

CE pont a quatre-vingt-quatre toises quatre pieds de long , qua-
rante-deux pieds de large. Son plan consiste en six piles et sept arches ; même nombre que celui de Ducerceau , sur le grand bras du fleuve au nord. Elles sont entr'elles dans une proportion arith-

(1) Architecture de Ledoux, tom. 1er., page 45, note première, Paris. 1804.

(2) Je n'ai pas à craindre que l'on me soupçonne d'avoir prétendu à être chargé de l'exécution de ce monument, lorsque plusieurs architectes se mirent sur les rangs, appuyés par des compagnies qui se présentèrent successivement pour l'établis-sement de ce même pont. Jamais je n'ai mis à aucun concours public.

métique , et les masses des unes et les vides des autres , sont dans le rapport d'un à trois (1). Les foudations , semblables à celles du pont de Xaintes , bâti par Blondel , l'un de nos ponts célèbres de France , embrasseroient la largeur totale du plan , et en seroient la base commune. La position du pont que je décris , le premier au levant , et qui traverse toute la largeur de la Seine , est l'une des causes qui m'ont fait adopter cette grande mesure de solidité.

La première pile a dix-huit pieds ; la seconde , dix-huit pieds huit pouces ; la troisième , dix-neuf pieds quatre pouces ; les autres sont semblables à leurs correspondantes.

Les deux premières arches aux extrémités , ont cinquante-quatre pieds ; les secondes , cinquante-six pieds ; les troisièmes , cinquante-huit pieds ; celle du milieu , ou grande arche , soixante pieds.

Les culées ont trente-six pieds d'épaisseur , qui sont les deux tiers du diamètre des arches qui s'appuient immédiatement sur elles. Le motif de cette forte épaisseur se juge aisément ; il tient à l'espèce de la construction dont le cadre seroit en pierre d'appareil , avec des chaînes en nombre dans le corps de la maçonnerie ; le reste en blocage.

Les piles ont pour éperons une espèce de piedestal demi-circulaire , dont l'axe est dégagé de douze pouces ; les hauteurs varient depuis treize jusqu'à quatorze pieds ; elles reposent sur des empattemens en trois assises chacune de vingt-quatre pouces , divisées en autant de retraites de quinze pouces , et dont la dernière est de niveau avec les eaux moyennes qu'exige la navigation.

(1) Le fameux pont antique de Rimini, dont les arches sont toutes en plein cintre, a ses piles dans le rapport de onze à vingt-cinq. Aussi a-t-il bravé les atteintes d'une longue suite de siècles ; et il en verra un plus grand nombre encore s'écouler.

Les arches ont une courbe à trois foyers, différente de deux pieds seulement du plein cintre ; leurs têtes de chaque côté, ont une coupe de trois pieds d'évasement ; une archivolte les circonscrit. L'épaisseur des voûtes est dans le rapport de huit à soixante-quatre, sous les trotoirs, dont la largeur est de sept pieds. Les murs des parapets ont vingt-un pouces, sur trois pieds trois pouces de hauteur.

Deux banquettes de vingt pieds de largeur, sous les arches des extrémités du pont, au levant et au couchant, se terminent en pente douce ; elles sont de niveau avec les empattemens des piles pour le service du hallage.

Les détails particuliers de l'ordonnance de ce pont, consistent en des clefs, des contre-clefs saillantes, des bossages réguliers, arrondis et refouillés ; en des groupes de figures, des trophées militaires et une corniche.

Je sais qu'il existe un système contre les corniches employées à décorer les ponts, fondé sur ce que cette partie ayant pour premier objet de défendre le pied des bâtimens des dégradations des eaux pluviales, il n'y a pas lieu à admettre les corniches dans un édifice dont le pied est dans l'eau.

Ce système est faux et dangereux.

D'abord l'ordonnance exige les corniches dans un pont, parce qu'elles produisent des effets heureux dans cette espèce de monumens du premier rang, comme dans tous les autres bâtimens. Les anciens en ont jugé ainsi ; leurs ouvrages en ce même genre le prouvent.

Ensuite, la conservation des claveaux qui forment la tête d'un pont dépend de l'existence des corniches , qui les recouvrent et les défendent de toute dégradation.

APRÈS la description du pont que j'ai conçu et dessiné (1) , je rappellerai l'attention du lecteur sur les moyens complets de solidité, que j'emploie et dans ses fondations et dans ses élévations. La raison que j'ai donnée sur les premières , est la même pour la force des piles , savoir : sa position , qui le fait traverser tout le canal de la Seine , qui est un à son entrée à Paris ; il est soumis lui seul aux premiers chocs des débacles et des inondations , qui sont les plus violens et les plus redoutables dans leurs effets.

SI l'on m'opposoit que depuis l'établissement des deux estacades, l'une à la tête de l'île Louviers , l'autre à celle de l'île St.-Louis , dont la construction date de vingt-cinq ans , le pont de la Tournelle reçoit depuis ce tems tous les efforts des glaces et des inondations , et qu'il existe encore, quoiqu'inférieur de beaucoup dans ses masses, relatives à celle du pont que je publie ;

JE dirois que les deux estacades qui forcent les débacles à se porter uniquement sur le pont de la Tournelle , ont été blâmées dès leur origine , par des architectes dont la science légitimoit l'avis contre cette sorte de construction , là où elles existent. Je m'arrête sur ce sujet.

JE me suis bien défendu , dans le pont que j'établis sur un fleuve encadré par des berges d'une élévation foible , de le composer avec des arches de cent pieds , cent-vingt-cinq pieds de diamètre , et plus ; nouveauté qui dans toutes données semblables , est petite et pauvre , par l'altération qu'en éprouvent les formes et la construction. Les

____

(1) Le plan et l'élévation de ce pont se-ront gravés et réunis à la collection de mes planches qui composent le troisième volume de mon œuvre.

arches

arches de grandeurs extraordinaires ne conviennent que dans un pont qui unit des rochers entre lesquels se précipitent des torrens. Dans ce cas, le plein cintre peut être mis en œuvre avec un grand diamètre. Cette courbe, par sa coupe large et pure, prend le caractère convenable et proportionné aux fabriques imposantes et majestueuses créées par la nature. Jamais les anciens n'ont donné aux arches de leurs ponts ordinaires, des dimensions qui leur fissent abandonner le plein cintre ; et le surbaissement qu'ils se sont quelquefois permis, a toujours été très-foible. Enfreindre cette règle, est compromettre et l'ordonnance et la solidité des ponts.

Les exemples, les citations précédentes de constructions diverses nullement solides, faites par des hommes auxquels on ne refusera pas d'être très-initiés dans les hautes sciences, ces exemples suffisent sans doute pour détruire l'assertion si fortement soutenue, que les calculs des géomètres, appliqués à l'architecture, sont fixes et certains. Les architectes qui se sont livrés à ces sciences, dans l'exécution de leurs bâtimens, en ont été les victimes ; tel Soufflot, dans la construction des piliers du dôme de Sainte-Geneviève, aujourd'hui le Panthéon.

Les mêmes faits prouvent que les mathématiciens échoueront constamment dans les constructions hors de terre, même dans celles des ponts : quoiqu'ils prétendent avoir dans ceux-ci, réuni *la hardiesse* avec *la solidité*. Il n'y a que sous l'empire de l'algèbre, que ces de x mots puissent se rencontrer. Dans tout ouvrage d'architecture, l'art eût-il employé des forces indirectes puissantes, elles n'équivalent jamais à des forces directes, qui seules sont complettes et durables (1). On peut comparer l'espèce particulière de nos scientifiques constructeurs modernes à ceux de la haute antiquité, qui ne savoient que conduire les eaux et creuser des fossés.

(1) Des points d'appui indirects.   Paris, 1801.

D

JE distinguerai à ce sujet deux espèces de construction : l'une , celle des terrasses , des levées , des canaux , des digues , des routes ; l'autre , celle des ponts , des édifices érigés à toutes sortes de hauteurs , composés de platebandes , de voûtes , ou qui portent des fardeaux considérables , et d'une grande élévation , tels que les tours , les dômes , etc.

LA première espèce est uniforme, peu nombreuse en ramifications; c'est le polype dans l'architecture ; elle n'en impose par l'énorme volume des masses, qu'à celui qui ignore l'art de bâtir. Ces fabriques , les plus simples de toutes , sont tellement connues et constatées , sous les rapports de la solidité, par l'expérience , que l'exécution en est facile , et que toute erreur commise en ce genre de construction , ne seroit point excusable.

LA seconde espèce au contraire , considérée comme la précédente , dans une acception générale , est d'une sphère vaste ; les constructions qui lui appartiennent sont sans nombre ; les corps divers qui les composent sont soumis aux modules , aux divisions les plus variés. Ils exercent tous les efforts possibles dans les directions horisontales et verticales ; efforts qui ne peuvent être contenus efficacement , que par des combinaisons appropriées à la nature de l'édifice et à l'espèce des matériaux mis en œuvre. Ces constructions sont autant supérieures aux premières , que l'organisation de l'homme l'emporte sur celle des plantes. C'est pourquoi j'en fais l'objet principal de ce chapitre. Je donnerai donc les définitions de constructions d'une aussi grande utilité et d'un usage aussi fréquent , et rendues sensibles par des exemples capables de fixer sur elles les idées que l'on doit en avoir.

LES qualités propres de la construction des bâtimens civils , se composent de rapports entre toutes les parties du plan d'un édifice , de ceux entre les pleins et les vides , entre les épaisseurs des murs , leur hauteur et leur fonction. Elles se composent encore, ces qualités, de l'emploi , de la distribution des matériaux selon leur nature , leur espèce et leur échantillon ; en sorte que la pierre d'appareil soit en premier rang , portant toujours celle de plus foibles dimensions (1). Cette harmonie générale établit les contrepoids que les lois particulières de l'équilibre imposent ; cette harmonie assigne la place au centre de gravité , qui doit être commun aux murs en fondation et à ceux en élévation. A ces qualités primordiales concourent l'appareil et la coupe des pierres , la liaison et l'adhérence des matériaux , le degré plus ou moins parfait de la main-d'œuvre. Cette organisation entière est l'ouvrage du génie, guidé par le flambeau de l'expérience. Il en est en architecture de même qu'en géométrie : les grands architectes ont créé l'art, comme les grands géomètres ont découvert la science.

Les monumens qui nous offrent la réunion de ces diverses qualités , sans lesquelles il n'y a point de solidité , et qui seules la constituent , sont faciles à distinguer. On les trouve ces monumens chez les nations qui se sont le plus distinguées dans les beaux arts ; le caractère en est distinctif ; il se reconnoît dans la belle disposition du plan , la grandeur , la sagesse des formes , la force des masses , la simplicité de l'appareil , le choix et l'emploi des matériaux. Toute autre espèce d'architecture tombe dans les excès opposés : ou une extrême pesanteur, comme sont la plupart des édifices faits aux tems du bas empire , dans la Grèce et l'Italie , ou une extrême légèreté , tels que ceux érigés dans le nord de l'Europe , jusqu'aux règnes des Médicis et de François Ier.

(1) Un bâtiment public, à Paris, le même dont j'ai parlé précédemment, sous les rapports de l'ordonnance, a plusieurs de ses murs construits en moëlons, dans la hauteur de quarante pieds; et les parties supérieures faites en pierre ont quinze pieds au-dessus des premiers combles.

Ici, l'art de bâtir est totalement méconnu.

D 2

Nous n'avons point à craindre aujourd'hui que le genre lourd en construction , qui au moins ne s'écarte point de la solidité , soit accueilli. Il n'en est pas de même du genre grêle de bâtir qui obtient chaque jour une faveur croissante, comme le prouvent la plupart des bâtimens qui s'exécutent à Paris. Mais ces bâtisses éphémères sont bien loin de réunir, comme les édifices gothiques anciens , les moyens ingénieux , quoique factices , qui en assurent la durée autant que ces moyens seront entretenus avec soin (1).

Ce n'est point ici une vaine et injuste déclamation. L'intérêt public dicte seul mes écrits. Je pourrois citer une foule d'exemples de constructions publiques , particulières et nouvelles , très-vicieuses ; mais entre plusieurs bâtimens ordinaires et importans, que j'ai été appelé à connoître dans leurs constructions , deux suffiront en preuves de ce que j'avance.

Un hôtel totalement neuf , décoré à l'extérieur d'un ordre ionique (il s'agissoit de l'acquérir ; le prix en étoit de deux cent-vingt mille fr.). Après avoir fait l'examen de sa construction , je reconnus que pour l'habiter sans danger , il falloit le consolider dans des parties principales ; opération que j'évaluai trente mille francs. Les acquéreurs se retirent.

Il y a peu de mois , en ventôse dernier , un établissement public devoit se faire dans une maison considérable en bâtisses , et dont la construction étoit encore en activité. Mais avant de traiter, on vouloit que je rendisse compte sur sa solidité. Je parcourus le bâtiment de cette vaste maison. Les murs , les pans de bois et les planchers , qui n'étoient point terminés à cette époque , me mirent à portée de juger la construction , et des vices nombreux qui s'y trouvent. En conséquence , l'établissement projeté n'a point eu lieu.

(1) Des points d'appui indirects.

LE compte fidèle que je viens de rendre, fait assez connoître toute la témérité de trop de nos constructeurs actuels, leur insouciance pour s'instruire dans l'art de bâtir. Ce récit authentique est bien capable sans doute de déterminer les élèves doués d'un bon esprit, à se livrer à l'étude de la science. Aussi convient-il, après les définitions que j'ai faites des qualités propres et essentielles pour la bonne construction, d'indiquer les sources directes où il faut les puiser.

ENTRE les modèles que nous possédons, capables de nous instruire sur l'importante partie de la solidité, lesquels, par leur espèce, ont exigé les conditions les plus rigoureuses dans les points d'appui, je citerai le portail de la Sorbonne, côté de la cour, la porte Saint-Denis, la basilique de Paris, ou salle du palais de Justice, et le portique de Saint-Sulpice.

LE péristyle de la Sorbonne est un hexastyle corinthien, composé de dix colonnes solitaires, dont la grosseur est de trois pieds; une voûte en plein cintre, de vingt-quatre pieds de diamètre, construite en pierre, embrasse les trois entre-colonnemens du milieu. Ce portail est tout entier dans le style antique (1). La voûte parallélograme en plan, conserve la même courbure dans son pourtour; un groupe de quatre colonnes à chaque extrémité, en sont les points d'appui directs; une lunette au-dessus des platebandes de face, reporte l'effort de la poussée dans une direction diagonale, et le rend nul sur le seul point le plus foible. Toute cette construction savamment calculée, se maintient dans un équilibre parfait. La durée de cent soixante ans de ce péristyle, jointe aux qualités diverses qu'il réunit, m'autorise à le présenter comme un chef-d'œuvre d'ordonnance et de construction.

(1) Le recueil de Marot contient cet intéressant édifice.

Le portail de la Sorbonne seul, est un faisceau de lumière répandu sur les constructions les plus difficiles à faire, quel qu'en soit le module. Sa voûte, établie à une élévation de quarante pieds, sur des bases isolées, qui sont les colonnes, est un morceau d'étude des plus utiles.

La porte Saint-Denis, le second des édifices choisis pour exemple des rapports qui doivent exister entre les parties portantes et les parties portées, entre les pleins et les vides, et particulièrement sous l'action des voûtes, nous en donne d'importantes leçons. Cet arc de triomphe a soixante-douze pieds de hauteur, et la même dimension en largeur. L'arcade qui occupe le centre de l'ordonnance, a vingt-quatre pieds d'ouverture et quarante-huit pieds d'élévation, sous clef. Ici le vide est dans le rapport d'un à trois; et cette savante distribution procure toute la force nécessaire aux culées de l'arc en plein cintre, malgré sa grande élévation. Blondel, dans ce monument, a fait les points d'appui moins forts que ceux du pont de Xaintes (1), quoique cet édifice soit beaucoup moins élevé. La raison en est sensible : le petit surbaissement des voûtes de ce pont, leur donne une action plus grande sur les piles, soumises de plus à des chocs continuels plus ou moins violens dans les débordemens du fleuve.

La salle du palais de Justice, le troisième des exemples cités, est distribuée en deux nefs d'égale longueur, deux cent-seize pieds, et ensemble quatre-vingt six pieds de largeur; les piedroits qui les divisent, distans de vingt-quatre pieds entre leurs axes, au nombre de huit, ont six pieds quatre pouces de large, décorés de pilastres d'ordre dorique, de contre-pilastres et d'alettes; leur épaisseur est cinq pieds. L'ouverture des arcades est de dix-sept pieds huit pouces.

(1) Cours d'architecture, V^e. partie, chapitre XV, page 660. Paris, 1698. Ce seul chapitre renferme toute la science de la construction des ponts.

Les voûtes des nefs en plein cintre, ont quarante deux pieds de diamètre, cinquante trois pieds de hauteur sous clef, à compter du carreau, et douze pouces d'épaisseur dans l'intermédiaire des arcs-doubleaux. Des contre-forts distribués sur les murs extérieurs, ont en largeur six pieds, et cinq pieds de saillie. Tel est l'ensemble de l'ordonnance et de la construction de ce vaste édifice, dont l'immobilité dans toutes ses parties, atteste la force et la justesse des rapports dans sa composition.

Aucune basilique antique ne l'emportoit dans ses dimensions sur celle de Paris, qui d'ailleurs est aujourd'hui accompagnée de vastes galeries, de grands escaliers, qui forment un tout vraiment imposant, malgré le genre équivoque dans l'ordonnance de ces additions nouvelles.

Le péristyle de Saint-Sulpice, dont les plans et les coupes sont faciles à consulter dans les gravures qui en existent, ouvrage du célèbre Servandoni, réunit toutes les qualités qu'exigeoit une aussi grande, aussi importante fabrique (1). L'artiste, génie heureux et facile, a dans cette noble ordonnance, converti les colonnes en bases inébranlables, et sur elles reposent des platebandes, des plafonds, des voûtes nombreuses, et d'espèces différentes, toutes construites en pierre.

Ces divers exemples, dans lesquels l'ordonnance a un caractère si bien prononcé selon leur objet, dans lesquels les proportions concourent si efficacement à la solidité, qualités que le génie seul a déterminées au premier jet de la composition ; ces exemples prouvent avec la plus grande évidence, que les formes sont préexistantes à la

____

(1) J'ai rendu compte de l'ordonnance de ce beau monument dans le chap. XVI, page 93 de la 1re. partie de cet ouvrage. J'aurai à le citer ensuite plus particulièrement sous le rapport de sa construction.

construction , et constituent essentiellement la théorie de l'art de bâtir. Il est donc inexact de dire :

« C'est par le moyen de la théorie de la construction , qu'un habile
« constructeur parvient à déterminer les formes et les justes dimen-
« sions qu'il faut donner à chaque partie d'un édifice (1). »

Afin d'indiquer le terme où s'arrêtent les mesures des moyens de solidité que doit réunir tout édifice , j'opposerai à ceux que je viens d'offrir comme des modèles de construction , l'un de nos plus grands temples de Paris , celui de Saint-Eustache , comparable par le volume de ses massifs , aux bâtisses des siècles d'ignorance ; telle Sainte-Sophie de Constantinople , tel Saint-Marc de Venise. La distribution de Saint-Eustache consiste , dans son intérieur , en cinq galeries , une grande au centre , et deux de chaque côté , toutes terminées en rond – point au chevet. Les piliers qui circonscrivent le chœur ont une épaisseur égale à la largeur de leurs espacemens ; et ceux qui encadrent la nef , sont dans le rapport du rayon au diamètre , ou moitié du vide des arcades. Dans cette construction colossale , la timidité ignorante de l'architecte est parfaitement d'accord avec l'ordonnance bisarre du temple (2).

Quant aux autres parties de la construction des bâtimens , celles le plus intimement liées aux premières et principales que je viens de faire connoître , sont l'appareil et la coupe des pierres. Un architecte , après la composition de son plan , après avoir assigné aux masses les dimensions propres à leur fonction pour la solidité , doit faire pour l'exécution , l'étude la plus réfléchie de l'espèce de l'appareil qu'il admettra ; et quant à la coupe du trait , il ne la confiera qu'à des mains habiles.

(1) Ouvrage publié en 1803.   Chapitre XI, page 77.
(2) Principes de l'ordonnance, etc.

Je

JE distingue l'appareil des pierres de leur coupe, cette division est essentielle.

L'APPAREIL des pierres consiste dans la nature du tracé qui les unit ; et l'espèce en est déterminée selon les qualités et l'échantillon des matériaux. Plus un appareil est simple, plus il est fort et puissant. Jamais, par exemple, les claveaux des platebandes ne doivent être élégis, évidés ; ils ne résistent dans cet état que par artifice et des moyens secondaires, comme je le démontrerai dans la suite (1). Et afin de familiariser l'élève avec ce que j'appelle appareil, je vais lui présenter d'abord des édifices diversifiés dans cette branche de construction, où l'on reconnoît une étude approfondie de l'union des solides dans les coupes. Ensuite j'opposerai à ces premiers des exemples dont les uns offrent l'appareil le plus compliqué ; les autres, l'appareil le plus négligé, et qui, tous, compromettent également la solidité. C'est ainsi que les extrêmes se touchent.

JE traiterai avant tout de l'appareil des ponts de Paris, et à raison de l'importance de leur construction et des variétés que l'on y remarque dans le trait.

LE pont Notre-Dame, le plus ancien, a ses claveaux extradossés de cinq pieds de coupe ; les contre-clefs en ont une plus grande.

CE genre d'appareil tient à celui de plusieurs bâtimens antiques ; il est simple et solide. Cependant les assises horisontales qui s'appuient sur un arc extradossé ont, à leur rencontre avec les claveaux, une aiguité inévitable qui n'est pas sans quelque inconvénient.

(1) J'ai publié à l'avance le Traité de la Construction des édifices publics et particuliers, sans l'emploi du fer, dont l'appareil des pierres est l'objet principal. Paris, an XII (1803).

E

Le Pont-neuf, que nous admirons sous le double rapport de l'ordonnance et de la construction , est appareillé dans ses arches , avec une coupe qui se prolonge jusqu'aux assises horisontales du corps de l'édifice , en se raccordant avec leurs lits et leurs joints , et sans crosette à la tête des claveaux. Les avant-becs ou éperons sont encastrés dans les piles, à la naissance des arcs. Cet appareil est bien supérieur à celui qui seroit fait par des coupes compliquées , des crosettes dans les claveaux ; il est préférable à celui du pont Notre-dame ; il est exempt de toute altération dans son appareil.

Le pont des Tuileries érigé par Jules - Hardouin Mansard , a ses claveaux en coupe simple dans les parties supérieures , comme dans le Pont - neuf ; mais ils s'unissent aux avant-becs , dans la hauteur de plusieurs assises. Les arches des extrémités de ce pont sont remarquables : une courbe sur chaque face qui fait l'évasement de la chaussée sur les quais, les circonscrit jusqu'à leur axe. L'appareil de cette partie consiste en des voussoirs tendant à un centre commun en forme de trompe. Il n'en est pas ainsi au pont au Change, dont l'évasement côté du nord , le seul qu'il ait , embrasse deux arches qui se prolongent en pan coupé vers la culée , et dans lesquelles les claveaux ne changent point de direction.

En poursuivant nos recherches sur l'appareil , celui de la grande salle du palais de Justice que j'ai décrite plus haut, est digne de notre examen , sous ce rapport, et sur-tout relativement aux moyens de solidité employés dansles piedroits , les arcades et les voûtes de ce monument important. Dans cette basilique, l'architecte a fixé la plus forte épaisseur des piedroits qui distribuent les nefs à cinq pieds , et celle des tableaux des arcades à deux pieds, afin de procurer un plus grand développement aux surfaces intérieures ; et pour donner à ses points d'appui toute la force nécessaire sous le poids énorme qu'ils portent , il en fit la construction en pierre dure. Cet architecte savant employa la même espèce

de pierre dans le quart de la montée des voûtes ; dans les arcs-doubleaux qui ont cinq pieds de large, dix-huit pouces de relief et deux pieds et demi de coupe ; dans les chaînes qui sont sur le même axe des arcades, et encore dans les quatre chaînes intermédiaires dont la direction est diagonale vers la clef de ces mêmes voûtes, lesquelles lient efficacement le reste de la construction qui est en moëlons d'élite de six pouces de douelle et douze pouces de coupe.

La salle des gardes de Henri IV, au Louvre, appelle notre attention sur le sujet intéressant qui nous occupe. Ici les claveaux des arcades dans les murs de face ne jettent point de harpes dans les lunettes qu'elles forment et qui pénètrent la voûte intérieure, les voussoirs qui construisent celle-ci, n'ont qu'un simple encastrement dans les murs extérieurs. L'architecte a, par ce moyen réfléchi, évité les effets nuisibles de désunion à la jonction des lunettes avec les façades.

Une foule d'autres bâtimens de la capitale, quoique composés avec des appareils réguliers, perdent cependant beaucoup de force dans la construction des platebandes ; ce sont les coupes verticales et celles inclinées dans les claveaux, les uns avec des enclavemens intérieurs, les autres avec des redans extérieurs. Ces deux espèces d'appareils exposent également à des ruptures dangereuses, comme on le verra bientôt. Je traiterai dans la suite des appareils par évidemens, troisième espèce dont le Panthéon-Français est le plus grand exemple (1).

Je ne dissimulerai point que le péristyle du temple de Saint-Sulpice est appareillé dans ses platebandes par des coupes verticales ; c'est le seul reproche que l'on puisse faire dans l'exécution de cette admirable fabrique. Mais toutes les parties de la construction sont si abondamment fournies de masses, que la solidité ne peut en être compromise ; la

(1) De la construction des édifices sans   Paris, 1803.
l'emploi du fer.

courbe insensible de deux pouces de flèche qui existe dans l'axe des platebandes de l'ordre dorique , répare la foiblesse des coupes verticales.

Les deux espèces d'appareils que je proscris dans les platebandes prennent faveur. Tel monument public qui vient d'être restauré, a ses claveaux par redans à l'extérieur ; et quoiqu'ils soient en pierre dure, déja tous les sommiers sont rompus. Dans tel autre édifice du premier rang, l'on a fait des platebandes avec des coupes verticales et des enclavemens qui les exposent d'autant plus à des ruptures.

Il existe aussi plusieurs bâtimens publics dans lesquels l'appareil des voûtes en plein cintre, sphériques ou hémisphériques est foible et vicieux. L'importance de l'appareil, cette branche essentielle de l'art de bâtir , exige que je cite quelques exemples nouveaux en ce genre, dans l'une et l'autre espèce de voûtes indiquées, afin de défendre les élèves de ne jamais les imiter.

Un égoût à Paris , fait depuis peu d'années , a ses premiers claveaux dont les lits sont parallèles à leurs joints supérieurs , d'où résulte dans ceux inférieurs un isolement sur la dernière assise des murs qui portent la voûte , et l'extrémité de ces claveaux repose sur des calles triangulaires qui peuvent écraser sous le plus foible effort et la voûte alors s'entrouvriroit.

Une autre construction souterraine très-considérable et dont les travaux viennent d'être terminés , est appareillée de la manière suivante. Les chaînes en pierre de taille ont leurs assises de vingt-quatre pouces de hauteur de banc , et les murs intermédiaires sont faits en moëlons blancs de six pouces. Une si grande inégalité entre les dimensions de ces matériaux s'oppose à ce que leur union soit régulière ; elle est d'ailleurs d'autant plus difficile, que les harpes des chaînes ainsi que celles des claveaux dans les voûtes, ont à peine le quart de la hauteur des assises, au lieu d'en avoir la moitié.

Un édifice qui ne cède point aux deux exemples précédens, en appareil négligé, mérite toute notre attention à cet égard. L'élévation circulaire de la partie principale et au centre du plan, est chaussée d'un socle de quatre pieds de hauteur, composé de deux assises de dix-huit pouces et une de douze pouces au-dessus des premières, toutes en boutisses et occupant les deux tiers, les trois quarts même de son épaisseur que de simples blocages complettent.

Cet appareil a occasionné, aussitôt après son exécution, les effets suivans : les moëlons se sont détachés des pierres de taille, et une scission générale d'un pouce d'ouverture s'est manifestée entre les assises et les blocages.

Ce n'est pas tout : ce même bâtiment public a, dans sa construction, un vice radical : le mur circulaire réduit au-dessus du socle, a dix-huit pouces d'épaisseur, est en retraite de douze pouces sur un seul côté des fondemens : en sorte que la loi impérieuse sur le centre de gravité, et que prescrivent les élémens de l'art de bâtir, a été ici totalement violée (1).

Examinons maintenant l'appareil de voûtes sphériques et hémisphériques dans lesquelles l'on a indistinctement employé les voussoirs avec tas de charge, appareil qui ne convient pour la solidité, que lorsque les voûtes n'ont point un grand poids à soutenir.

L'on voit dans la salle des gardes de Henri IV, au Louvre, une grande niche nouvelle dont les voussoirs ont leurs coupes en tas de charge ;

(1) Des fondemens des bâtimens publics   Paris, an XII (1804).
et particuliers.

elle est construite dans un mur de refend qui occupe toute la hauteur de l'édifice. Si cette niche n'étoit point inscrite à un plus grand arc , ses voussoirs écraseroient sous le poids considérable qui existe au-dessus d'elle.

DERAND a adopté cette même espèce d'appareil dans deux niches des chapelles qui sont de chaque côté du chœur de l'église Saint-Louis , rue Saint-Antoine ; elles appartiennent à de simples murs de distribution qui ne portent aucun fardeau ; mais ce savant architecte a appareillé en forme de trompe , la seule espèce forte et puissante , les niches qui décorent les voûtes de ce temple , et dont la construction est liée à celle de la coupole qui leur est adhérente.

DEUX exemples remarquables de voûtes hémisphériques appareillées avec tas de charge , existent dans des bâtimens aussi publics , d'un grand module , construits il y a dix-huit années , et sur elles se reposent des frontons qui les couronnent. Ces voûtes offrent des mouvemens dans leurs coupes ; mais comme elles occupent le sommet de chacun de ces édifices , l'on peut conclure , les efforts qu'elles ont à vaincre étant peu considérables , que les accidens à survenir ne seront pas très-graves.

LE jardin du dépôt des monumens français , rue des Petits-Augustins, renferme un morceau d'architecture dont la voûte hémisphérique a ses voussoirs appareillés avec tas de charge. L'appareil en forme de trompe, c'est-à-dire dont les coupes aboutissent à un trompillon placé sur le plan du plus grand cercle , cet appareil qui a une forte poussée, étoit inadmissible dans cette construction , par l'impossibilité de contreventer la voûte sur aucun point.

LE plan demi-circulaire de ce monument construit tout en marbre, est composé de dix colonnes de quinze pouces de diamètre , d'ordre corinthien ; l'entablement est complet , et l'extrados de la voûte a douze pouces. Les deux premières colonnes en tête du plan , distantes de seize pieds sur leur axe commun , sont couplées dans la même direction ; une troisième fait avant-corps sur la dernière , et se groupe avec elle. Deux autres colonnes , également espacées dans le plan du demi-cercle, sont couplées chacune, mais sur le même rayon. Les architraves sont d'un seul morceau. La construction de cette ordonnance précieuse se maintient dans une immobilité durable , par ses seules proportions , sans aucun moyen secondaire.

Cet édifice déja ancien, et qui a éprouvé une démolition , détruit par sa solidité tous les nouveaux théorèmes qui démontrent la prétendue poussée des voûtes sphériques. Notre monument, en effet, est dans le cas le plus difficile sous le rapport de la construction à cet égard. Il est composé seulement de colonnes corinthiennes isolées , portant une voûte hémisphérique de seize pieds de diamètre , dont la naissance est à quinze pieds au-dessus du socle commun à l'ordonnance entière , et livrée à elle-même par la nature de son plan demi-circulaire , tandis que les voûtes sphériques ont le cercle pour plan ; d'où résulte une liaison entre toutes les parties de la construction qui la rend d'autant plus forte. Donc le système qui établit la poussée des voûtes sphériques est sans fondement.

Les dissertations précédentes indiquent assez ce que j'entends par appareil, et quelle est sa puissance pour la solidité des édifices.

L'on peut conclure que les défauts graves qui existent dans des constructions différentes et que je relève dans ce Traité, l'on peut conclure, dis-je, qu'ils proviennent, ces défauts , de l'abandon total fait de leur appareil aux ouvriers. Il faut donc que l'architecte ne se confie qu'à lui seul pour ce travail essentiel qui fait la règle du tracé des pierres.

C'est l'étude de l'appareil qui , dans le grand égoût de Bicètre , m'a fait tracer la voûte souterraine qui porte le chenal intermédiaire entre les bassins et le cône, d'une figure plus simple encore que n'est celle ogive. Elle consiste en un segment de cercle dont la corde est presque verticale et en une platebande inclinée, ayant son origine sur un plan plus élevé que celui de la première partie de la voûte, une clef *pendantive* fait le lieu commun du tout.

L'étude de l'appareil m'a fait, dans la construction des cabanons de sûreté de la prison de Bicêtre, donner aux décharges qui portent les fondemens la forme de platebandes inclinées sous un angle de cent trente degrés, unies à leur sommet par une clef. Cette espèce d'appareil a l'avantage de procurer dans les claveaux des coupes qui se rapprochent le plus des lits de la pierre, et il donne aux platebandes une force complette (1).

J'ai fait usage de ce même appareil dans les fondations de l'amphithéâtre de l'hospice de l'Accouchement, à raison de l'inégalité dans leurs plans que la nature du terrain a nécessitée.

Selon le système qui réduit l'appareil à ses plus simples procédés, tel que je le développe dans mon ouvrage sur l'emploi du fer, je viens de substituer à deux voûtes en berceau, qu'il falloit reconstruire dans l'hôpital de la Pitié, pour le service de la cuisine générale, des plafonds en pierre de douze pouces d'épaisseur, dont les compartimens

---

(1) J'ai démoli, en 1788, les anciens cachots souterrains sur lesquels John Howard, dans son livre de l'État des prisons, s'explique ainsi :

« Dans le milieu de la cour, il y a huit « effroyables cachots enfoncés au-dessous « du sol de la profondeur de treize pas, etc.»

Tome 1er., p. 377. Paris, 1788.

Les cabanons que j'ai construits remplacent ces horribles cachots où la pâle lueur des flambeaux pénétroit seule ; tandis que le soleil éclaire de ses rayons les nouvelles demeures des plus grands coupables ; le prisonnier y jouit de l'aspect du ciel.

Les plans en seront gravés dans mon Œuvre.

sont

sont faits en un seul morceau de quatre pieds six pouces de large ,
six pieds de longueur, et en coupe sur des platebandes aussi en un morceau ; dix pilastres adhérens aux murs et deux colonnes isolées composent le plan de ces souterrains , dont l'exécution est aussi simple dans
son appareil que solide dans sa construction (1).

Selon le même système , seize baies des nouvelles infirmeries et de
l'amphithéâtre de l'hospice de l'Accouchement, édifice dont j'ai parlé
plus haut, ont leurs platebandes en un seul morceau , dont huit de
cinq pieds dans œuvre, vingt-quatre pouces d'épaisseur, dix-huit pouces
de hauteur ; les autres platebandes ont quatre pieds six pouces de longueur , toutes faites en pierre de roche (2).

Après avoir traité de l'appareil, je dirai un mot de la stéréotomie ou
coupe des pierres. L'art du trait consiste dans la méthode , à l'aide de
laquelle les solides se développent pour s'assembler et s'unir dans tels
et tels plans , selon l'espèce de l'appareil établi par l'architecte. La
stéréotomie dans la pratique exige une étude particulière de celui qui
trace les pierres ; elle exige de l'intelligence dans ceux qui exécutent.
La perfection dans la construction des édifices dépend beaucoup du concours de l'instruction propre que doivent avoir les ouvriers que
l'on emploie. Paris renferme les plus beaux modèles connus en coupe
des pierres : entre eux, les péristyles du Louvre et de la place de la
Concorde, les temples du Val-de-Grâce, des Invalides, et le monu-

(1) La pierre que j'ai employée est de
nature calcaire, d'un grain plus égal que
le liais , dont elle approche de la finesse ,
et tout-à-la-fois d'une dureté égale à la
meilleure pierre de roche.

Ce sont les carrières de Bagneux , trois
mille toises au sud de Paris, qui produisent
cet excellent banc.

(2) J'indique , dans le chapitre de l'emploi du fer , les ressources abondantes que
nous avons en carrières , pour les matériaux nécessaires à ce procédé simple d'appareil.

F

ment de l'Observatoire, sont parfaits. Ces mêmes édifices sont encore des exemples à citer par le choix des pierres d'élite qui y sont mises en œuvre. Ce choix recherché est une preuve de plus de l'excellent esprit, du zèle de leurs auteurs pour la perfection dont ils étoient si jaloux dans leurs ouvrages.

La connoissance de la nature des pierres si intimement liée à l'appareil et à la pratique du trait, dont les bonnes ou les mauvaises qualités influent aussi puissamment sur la durée des bâtimens, ne sera point non plus dédaignée par l'architecte. Pour obtenir cette connoissance, il faut constater sur-tout, l'état des pierres dans les édifices qui comptent plusieurs siècles, et celui qu'elles offrent dans ceux construits depuis peu de tems; il faut remarquer les effets des fils qui, dans leur rupture, ne laissent plus de liaisons entre les assises; tout-à-la-fois observer les décompositions que les moyes et les bouzins ont occasionnées, ainsi que les destructions que la pierre tendre a éprouvées dans les lieux où elle est exposée à l'humidité. L'usage constant à Paris, de cette espèce de pierre dans le couronnement des édifices du premier rang, est des plus vicieux. En effet, que l'on porte ses regards sur les murs du rond-point au nord du temple de Saint-Sulpice, restaurés il y a cinq ans. Déja une décomposition des pierres est commencée et dans les corniches et dans le corps même de la construction. L'état de ruine encore dans lequel se trouve, après vingt-cinq ans, les arcades extérieures qui lient la façade du Théâtre-Français, aujourd'hui l'Odéon, avec les bâtimens voisins, et qui sont sur des cintres et des étais : voilà des exemples bien capables de faire sentir tout l'intérêt de mes observations à ce sujet, et sur lequel je reviendrai (1).

Le genre d'étude que je conseille sur la nature des pierres, apprend que toutes celles dont la teinte est inégale et *grasse*, et dont l'argile

(1) De la construction des édifices publics sans l'emploi du fer.

fait la base , malgré la finesse du grain , doivent être rejetées des constructions extérieures. Toute pierre dont les couches sont blanchâtres et de substances crayeuses est peu solide , et tend à la plus prompte décomposition. Toute pierre aussi dont les veines sont distinctes à l'œil , quelque dure qu'elle soit , ne peut être rangée dans la classe des bonnes espèces. Les pierres vraiment propres à braver les atteintes du tems , sont celles dont le sable en est la matière , dont les lits se fondent et offrent une teinte égale , luisante, sombre ou bleuâtre ; en général , et pour me servir d'un mot technique, les pierres *maigres* sont les bonnes qualités ; c'est l'espèce que l'on doit exclusivement employer dans les points qui portent le plus grand poids des constructions , et dans les parties soumises à l'action successive de l'humide et du chaud.

La connoissance des pierres , selon ma méthode , ne s'acquiert point par la seule lecture des traités de minéralogie , insuffisante pour l'instruction et incapable de diriger dans la pratique. Cette science dépend essentiellement de l'examen réfléchi de la nature et des élémens qui constituent les pierres constatées indestructibles ou faciles à la décomposition dans les effets produits par le tems , c'est le cours que je viens de tracer.

Les leçons théoriques de la construction que je donne , sont toutes puisées ou dans les modèles existans ou dans les dessins que nous avons des édifices les plus estimés. Mais une autre source en fournit encore : ce sont les bâtimens en démolition. Cet état de dissection complette , découvre l'intégrité de leurs parties ou le désordre de leur organisation.

Jamais circonstances n'ont été plus favorables pour ce genre d'étude, que l'époque où nous vivons. Depuis douze ans , une foule de bâtimens , entre eux des églises, des cloîtres ont été démolis jusqu'aux premières assises de leurs fondations (1) ; tous ont procuré à l'observateur d'utiles instructions.

L'étude de la construction faite dans la structure des édifices ne se borne pas à de simples méditations ; il faut de plus développer par des dessins exacts l'organisation entière des corps de maçonnerie ; constater les rapports entre les pleins et les vides , entre la hauteur et l'épaisseur des murs ; calculer les masses qu'ils portent et l'action de celles-ci , selon le plan qu'elles occupent ; remarquer l'espèce de matériaux employée ; saisir et juger les insertions , les liens qui constituent l'enchaînement des solides divers qui les composent. C'est ainsi que l'on apprend dans les chefs-d'œuvre de l'art , la sagesse et la puissance des lois de la construction pour la solidité ; tandis que dans les édifices mal construits , les signes variés de destruction qu'ils renferment , démontrent les dangers d'avoir méconnu ces mêmes lois.

L'architecte qui ne possède point la théorie de l'art de bâtir , puisée dans les sources que j'indique, ne peut se confier à son génie non plus qu'à ses connoissances mathématiques ; il reste soumis à l'incertitude la plus redoutable , dans les rapports particuliers qu'il doit assigner à ses bâtimens pour la solidité. Aussi est-il jugé dès son vivant avec la sévérité que lui mérite son ignorance dans une branche principale de son art; et sa réputation , s'il en jouit d'une , ne s'étendra point au-delà de son existence.

Mais si la science théorique de la construction établie sur ses vraies bases est essentielle à posséder par l'architecte, la science pratique ne

(1) Les grands couvens des Jacobins , rue St.-Honoré et de la rue St.-Jacques , celui des Chartreux , ne laissent aucuns vestiges de leurs vastes constructions. Un plus grand nombre d'établissemens considérables ne nous offrent plus que des fragmens.

doit nullement lui être étrangère ; elle compose la partie exécutive de l'architecture.

La pratique de la construction est l'application et l'usage répétés des principes enseignés par la théorie ; elle donne une démonstration évidente, des vérités apperçues par l'esprit pour la solidité. La pratique familiarise avec le mécanisme de la main-d'œuvre dans l'exécution. Le succès dans cette partie se prouve par la fidélité, la justesse des formes et la mesure des proportions assignées dans les dessins ; elle se prouve par la belle, la sage distribution des matériaux, et par une immobilité permanente de l'édifice entier (1).

Ainsi, l'expérience est la garantie de toutes les qualités à réunir dans la construction, car selon l'expression d'un écrivain judicieux :

« Sans l'expérience, la science et le génie même sont, ce que l'on « croyoit autrefois qu'étoient les comètes, des météores éclatans, irré- « guliers dans leurs cours et dangereux dans leurs approches, qui ne « peuvent servir aucun système, et qui sont capables de les détruire « tous. »

Le besoin de l'expérience, les avantages qu'elle procure sont sentis par tous les bons esprits pour les services différens les plus importans et de toute nature que la société exige, soit dans les bâtimens, soit dans les choses même qui sembleroient dépendre spécialement de la théorie des sciences. Je dirai, par exemple, que nonobstant la connoissance des formules applicables à la direction des boulets, qui est la première étude de l'artilleur ; il doit savoir apprécier le calibre des pièces, la qualité des matières du tube, la nature du sol et du plan sur lesquels elles sont établies ; il doit connoître l'espèce de la poudre, son état

(1) Décadence de l'architecture, pages 10 et 11.

plus ou moins sec; il doit juger la densité ou la raréfaction de l'atmosphère, et posséder enfin un grand exercice à manœuvrer. Telle est la science pratique de l'artilleur et la plus capable pour obtenir le succès dans un combat ou dans un siége. La théorie promet des points fixes, la pratique apprend à les atteindre.

LE cours pratique, le meilleur en architecture pour obtenir cette expérience si desirable, consiste dans les fonctions d'inspecteur attaché à de grandes constructions, sous la conduite d'un maître habile; ce cours doit être de plusieurs années. L'élève y sera préparé par la théorie de l'ordonnance et celle de la construction. Il ne confiera point à sa mémoire seule les leçons que l'exercice lui donnera; il les constatera par écrits attachés à des figures; il composera un journal de ses observations et de ses recherches, qui sera dans tous les tems pour lui un recueil de conseils sûrs et à ses ordres. Arrivé à ce terme d'instruction, le complément de ses études, toutes les semences nécessaires germeront dans son esprit pour l'exercice de son talent, quelle que soit la nature et l'espèce de construction qu'il devra exécuter (1).

JE dois relever dans cet ouvrage une erreur grave que la plupart des constructeurs actuels commettent en voulant bien faire. Je veux parler des épaisseurs différentes qu'ils établissent entre les murs de face et ceux des pignons d'un même bâtiment. L'épaisseur dans les premiers est plus foible que dans les seconds; cette différence est assez généralement d'un cinquième. Ces constructeurs considèrent les pignons comme les culées des façades, et se persuadent avoir rempli une grande condition de la solidité, par une pareille combinaison : elle est aussi fausse qu'inutile. En effet, dans les constructions établies

____

(1) Le cours pratique que je conseille est celui que j'ai suivi sept années entières dans les bâtimens publics, avant de poser la première pierre sur mes dessins. J'ai fait un journal de l'espèce que j'indique, il m'a été très-utile dans l'exécution de mes grands travaux.

d'après ce système bizarre, il résulte que la forte épaisseur des murs pignons n'oppose de résistance aux murs de face que jusqu'à l'axe de ceux-ci; le reste est livré à lui-même, et l'action de résistance ne s'étend que dans une foible dimension en longueur sur les murs des pignons. Ainsi le veut la nature d'un pareil plan. Je ne crée point ici une hypothèse. Le mode vicieux que je relève est suivi dans maints bâtimens. Un nouvel édifice, dont la masse isolée est de vingt-cinq toises, offre cette fausse combinaison.

La route que je trace dans ce discours, afin de posséder l'art de bâtir, exige le travail le plus actif, secondé par beaucoup de sagacité pour en saisir l'esprit des lois fondamentales dans la construction des édifices existans; il faut la réunion d'un jugement sain qui apprécie ces mêmes lois et apperçoive les modifications dont elles sont susceptibles. Il faut enfin une pratique constante et soutenue de construire, pour faire l'application selon la mesure prescrite par la théorie. Et comme le premier objet dans la construction est le volume et la nature des cubes nécessaires à la solidité, ce ne sera point par les calculs des mathématiciens (1) que l'on parviendra à les fixer, mais bien par ceux établis sur les proportions assignées par le génie de l'architecture, lesquelles constituent la beauté, la force des bâtimens, calculs certains, garantis par la connexité dans toutes les parties de l'art.

Les recherches qui me restent à faire pour completter ce chapitre, s'appliqueront aux branches accessoires de la construction, qui toutes dépendent de la mécanique dans l'exécution, et sur laquelle je dois m'expliquer.

Je distinguerai cette science en deux espèces : l'une, la mécanique naturelle; l'autre la mécanique artificielle. Les Égyptiens et les Grecs

(1) Décadence de l'architecture, etc., pages 11, 12, 19, 24, 25, 27, 28, etc.

sont les auteurs de la première, et la seconde est due aux peuples modernes.

La mécanique naturelle a été d'abord une inspiration du genie ; ensuite une science d'observations bien senties dans l'imitation des modèles en ce genre, les plus parfaits, et que les anciens ont portés à la plus haute perfection. C'est la mécanique naturelle qui a opéré toutes les merveilles du jeu des machines propres pour le transport des matériaux du poids le plus énorme, et leur enlèvement à des hauteurs extraordinaires, dans la construction des plus fameux monumens antiques, et dont les vestiges étonnent notre pensée. Le transport seul, d'ailleurs, des obélisques fait il y a dix-huit siècles, de l'Afrique en Europe, est en mécanique une opération inconcevable. L'esprit est d'autant plus dans l'admiration, s'il compare tout ce qu'il a fallu de moyens employés par Fontana pour transporter, sous Sixte V, et élever la seule obélisque qui est au milieu de la place de Saint-Pierre, à Rome, qui n'étoit cependant qu'à une foible distance.

C'est la mécanique naturelle qu'ont possédée Kradeley, Mathey nos contemporains ; et au 17e. siècle, le célèbre Rennequin

Kradeley, charpentier de moulins, étoit sans aucune notion de géométrie acquise ; ce fut lui qui leva les difficultés que présentoit le canal de Bridgewater (1) dans son exécution, et que les ingénieurs les plus savans avoient jugé impossible.

Mathey est l'auteur de l'une des inventions la plus ingénieuse en mécanique, pour mesurer la vitesse des projectiles (2). Et voici comment cette belle découverte s'effectua :

(1) Ville d'Angleterre dans la province de Sommerset, à 40 lieues de Londres.

(2) Terme de mécanique applicable à l'artillerie dans le jet des corps livrés à l'action de la pesanteur.

Il

Il y a cinquante ans (1754) , un ami de Mathey lui dit :

« Vous devriez bien m'inventer quelque machine qui donnât des
« résultats plus précis que l'appareil à pendule. »

Après quelques instans de méditation :

« J'ai votre affaire , dit Mathey ; et la machine fut inventée. »

« La fréquence de ces bonnes fortunes (dit un savant et modeste
« physicien), est un don de la nature , et l'élément principal du génie
« des mécaniques. »

Rennequin , homme doué d'une imagination féconde , est l'inventeur de la machine de Marly. Cette immense fabrique dont les premiers
corps de pompes sont établis sur la Seine , les autres sur différens points
de la côte ; les pièces nombreuses qui unissent toutes les parties qui
la composent ; le fleuve qu'elle enlève dans son cours , et qu'elle porte
sur un aqueduc construit au sommet de la montagne , à cent toises de
hauteur : voilà une véritable merveille en mécanique , sortie du cer-
veau d'un homme qui n'étoit pas géomètre , et qui a réuni tous les
talens nécessaires pour l'exécution. Il est incontestable qu'aucune machine hydraulique ne peut lui être comparée.

« Cet étonnant morceau est composé de quatorze roues , dont sept
« sur le devant et sept sur le derrière ; la première est sur le devant , la
« deuxième sur le derrière , et ainsi de suite. Ces roues sont montées
« chacune de deux manivelles attelées à treize grandes chaînes , à sept
« petites et à huit équipages qui mènent soixante - quatre corps de
« pompes sur la rivière ; soixante-dix-neuf à mi-côte , et quatre-vingt-
« deux au puisard supérieur. Ces deux cent vint-cinq corps de pompes
« font monter les eaux sur une tour éloignée de la rivière d'environ onze

G

« cents mètres (55o toises), et élevée de cent vingt mètres (6o toises)
« plus haut que le bout des tuyaux aspirans qui sont dans les cour-
« cières (1). »

La machine de Marly, après un service de plus d'un siècle, exige
aujourd'hui des réparations et des reconstructions considérables. Des
savans sont appelés comme les juges les plus capables de prononcer sur
son état; et leur avis est un arrêt de mort. Cependant un défenseur
courageux sollicite une révision du jugement. L'auteur (2), que n'inspire pas le démon de l'innovation, fort de son savoir et de son expérience (3), s'est livré aux dissertations les plus justes, les plus lumineuses, toutes dictées par une étude approfondie, une longue pratique
du jeu des machines hydrauliques, fondées sur une parfaite connoissance de leurs qualités, de leurs défauts, des produits plus ou moins
considérables dont elles sont susceptibles. Il défend un ouvrage qui a
fait l'admiration méritée du siècle de Louis XIV, et il en propose la
restauration. Ce savant praticien pense avec tous les gens libres de
l'esprit de système, que la théorie de la mécanique ne peut substituer
une nouvelle machine à celle de Rennequin, qui soit plus solide et d'un
service plus avantageux.

« Il n'est pas encore bien prouvé, dit M. Gondouin, que le siècle présent
« soit plus instruit en hydraulique que celui qui a produit les Vauban,
« les Lahyre, les Mariotte, et encore Rennequin, qui est l'inventeur
« de la machine de Marly, et tant d'autres. D'ailleurs, jusqu'à ce que
« je voie une machine meilleure et mieux conçue que celle actuelle, je
« resterai toujours dans l'opinion où je suis, que nous sommes beau-

(1) Annales de l'architecture et des arts.
N° 11, 21 floréal an XIII (18o5).
(2) M. Gondouin, ex-directeur de la
machine de Marly.

(3) Il remporta, en 1787, le premier
prix au concours proposé par l'académie
des sciences, pour la restauration de la
machine de Marly.

« coup moins instruits dans l'art d'élever les eaux, ou proprement dit,
« la science hydraulique (1). »

Un plaidoyer aussi fort de moyens a été inutile, sans effet. L'ancienne
machine de Marly est en pleine démolition. Une nouvelle qui, dit-on,
sera en hydraulique, le chef-d'œuvre du dix-neuvième siècle, va la
remplacer; elle doit être entièrement achevée au 1er. nivôse de l'an XIV
(21 décembre 1805).

En tout cas, le Gouvernement a pris les précautions les plus atten-
tives pour s'assurer des deux qualités principales que doit avoir la nouvelle machine, la solidité dans toutes les parties de sa construction,
et un produit égal en volume d'eau, à celui de l'ancienne machine. Le
Gouvernement, d'ailleurs, a exigé l'établissement de pompes provi-
soires, afin que le service de l'eau nécessaire à Marly et à Versailles ne
manquât pas.

Que l'on me permette ici une sorte de disgression sur les miracles
opérés à Marly par l'architecture. O lieu enchanteur! objet de la plus
ardente jalousie de l'étranger (2), lieu dont le génie des Mansard, des
Lenôtre avoit fait un séjour délicieux, les plus beaux, les plus pitto-

(1) Sur la machine de Marly.
Note 2, pages 6 et 7.
Ce mémoire est aussi utile qu'intéressant
à connoître; c'est une pièce au procès qui,
dans tous les tems, vengera la mémoire de
Rennequin.
Paris, an XI (1803).
(2) Cette opinion est fondée, elle est
connue ; une occasion particulière m'en a
convaincu.
En 1765, je parcourois les jardins de
Marly, j'y rencontrai beaucoup de per-
sonages de haute distinction, entre lesquels on comptoit l'ambassadeur d'Angleterre (c'étoit en juin, par le plus beau jour
d'été). Les eaux jouoient à cette occasion;
elles produisoient sur des fonds de la plus
éclatante verdure, des effets aussi variés
que piquans. L'étonnement étoit peint sur
tous les visages ; mais le sourcil froncé des
gens les plus marquans parmi les étrangers,
indiquoit le sentiment de déplaisir dont ils
étoit affectés à un spectacle aussi extraordinaire et aussi ravissant.

G 2

resques sites de l'Italie, ne pouvoient t'éclipser, tu réunissois tous les tableaux merveilleux des jardins d'Armide, conçus, décrits par l'esprit brillant du Tasse. Cependant, malgré tant de titres, tant de droits pour commander l'admiration et respecter l'intérêt public, une cupidité aussi folle que perfide et destructive, a tout bouleversé sous nos yeux (en 1793), a fouillé, extrait des entrailles de la terre ces canaux, ces tubes d'airain sans nombre qui distribuoient dans les parterres, dans les bosquets, des eaux argentées qui animoient la scène et concouroient si heureusement à la plus délicieuse des féeries. Les barbares auteurs de ces destructions célébroient d'aussi coupables exploitations, comme celles d'une mine intarissable de richesses pour l'État (1). Aujourd'hui le soc trace de simples et modestes sillons sur le sol de ce théâtre ci-devant si pompeux et si varié. Ainsi tout se précipite dans le gouffre des révolutions.

EFFAÇONS de notre pensée des souvenirs si douloureux pour tout amateur des arts. Je vais reprendre le cours des définitions sur la mécanique, que j'ai entreprises dans ce discours.

LA mécanique que j'appelle artificielle, est chez les nations modernes une science écrite qui repose sur l'algèbre et la géométrie, et qui constitue la partie purement théorique. Mais dans l'application des principes qu'elle établit, l'exécution des machines et toutes les opérations qui relèvent de cette science, est livrée au tâtonnement et aux chances d'échouer, si elle n'a point le génie et l'expérience pour guides.

(1) J'ai vu dans l'église St.-Séverin, à Paris, qui, aux jours de deuil pour la France, a servi de magasin des matières de cuivre provenant de destructions de toute nature ; j'ai vu là des amas énormes de tuyaux de bronze à demi-brisés, de trois pieds de diamètre et plus ; tous avoient fait partie des conduits d'eau des jardins de Marly.

Cette dernière assertion est démontrée vraie par les exemples différens qui précèdent, de machines célèbres et de leurs auteurs. De plus, la discussion suivante dont je vais rendre compte ne fera que confirmer ce que j'avance sur l'incertitude de la mécanique, comme corps de science seulement.

Il existe à cette époque, entre deux savans distingués, une divergence frappante dans leur opinion, sur les moyens d'exécution d'un ouvrage en hydrostatique le plus important. Voici la déclaration de l'un d'eux, remarquable sur plusieurs points de vue, pour les idées qu'elle renferme :

« L'incertitude des principes d'après lesquels on a recherché jusqu'à
« présent les rapports qui lient entre eux le profil et la pente d'un canal,
« la vîtesse et le volume des eaux qu'il doit contenir; l'insuffisance des
« formules déduites de ces principes. . . . doivent porter à saisir toutes
« les occasions d'éclaircir cette matière, en la soumettant tout-à-la-fois
« au calcul et à l'expérience (1). »

C'est ainsi que s'exprime l'auteur chargé de grands travaux hydrauliques dont les plans particuliers tracés par lui ont été censurés de la manière la plus éclatante et la plus méthodique, dans un ouvrage où l'on dit :

« Le cit. GI.., qui, dès-lors, vouloit se soustraire à tout examen
« et à toute surveillance, ne voulut pas s'astreindre au tracement princi-
« pal marqué sur le plan que le cit. B.... lui avoit indiqué sur les lieux,
« quoiqu'il fût obligé, par l'arrêté des Consuls de suivre ce plan. Il ima-
« gina contre tout principe, etc. (2). »

(1) Rapport, etc., fait en réponse à la lettre suivante.
Paris, an XII (1803).
(2) Lettre, etc. Ici, l'auteur admet des principes certains, que le premier juge n'être nullement sûrs.
Paris, messidor an XI.

ENTRE les parties de la mécanique que l'architecte ne peut ignorer, je compte celles du jeu et du service des machines nécessaires à mouvoir, à élever les fardeaux les plus lourds, et de savoir les classer dans le rang qui leur est assigné pour faciliter l'exécution des bâtimens.

MAINTENANT, afin de completter le sujet principal de ce discours, L'IMPUISSANCE DES MATHÉMATIQUES POUR ASSURER LA SOLIDITÉ DES BATIMENS, il me reste à faire connoître les fausses applications de géomètres du premier ordre, dans les jugemens divers qu'ils ont portés de la nature du plan, de l'état réel des piliers du dôme de Sainte-Geneviève, ou le Panthéon-Français, qui sont écrasés aujourd'hui.

L'UN de ces savans s'explique en ces termes :

« Si l'on a dit qu'il n'y avoit que le tems nécessaire d'en prévenir la « ruine (des piliers), on doit bien être à présent (en l'an VI) revenu « de cette crainte chimérique. »

LES papiers publics avoient attesté à l'avance :

« Qu'IL étoit de toute fausseté qu'il y eut à redouter aucun danger « pour le dôme de ce bel édifice (1). »

PLUSIEURS mémoires publiés par des architectes (2) avoient donné lieu

(1) Véritable Postillon de Calais, n°. 588.

3 messidor an V (21 juin 1797), p. 2.

(2) J'ai traité de l'état des piliers du dôme du Panthéon dans cinq des chapitres de la 1re. partie de cet ouvrage, Principes de l'ordonnance, etc.

Paris, germinal an V (mars, 1797).

La même année, j'ai livré à l'impression :

Moyens de restauration pour les piliers du dôme.

En 1798, (an VI), j'ai publié, par la gravure, les plans et les coupes de mon projet.

à des réponses aussi inconsidérées ; tous insistoient sur la nécessité de prendre de promptes mesures pour consolider les piliers de ce dôme ; tous s'appuyoient sur des preuves de faits qui sont toujours les meilleures. Néanmoins (en l'an X) un second mathématicien déclare qu'aucun tassement ne s'est opéré dans ce temple, dénégation inconcevable ; et un troisième (en l'an XI) nous dit :

« La critique a alarmé sur la solidité du Panthéon et causé la dépense « de plusieurs cent mille francs, sans doute inutilement, suivant les vé-« rifications faites par le cit. PR.... (1). »

Un autre savant, au contraire, publie (en l'an XIII ⸺ 1805) :

« Que les étaiemens extraordinaires placés dans les arcades du dôme « ont été faits pour arrêter les progrès des accidens arrivés aux piliers. »

Les étaiemens exécutés consistent dans de gros corps de maçonnerie érigés sur le sol, ayant quatorze pieds de saillie en avant des pilastres qui décorent les piliers, huit pieds de largeur et treize pieds de hauteur. Sur eux sont établis les étais, les cintres dont celui du milieu est en charpente et s'enlace avec les deux autres construits en pierre. De plus, des murs de quatre pieds d'épaisseur sont élevés dans toute la hauteur de l'ordre, sur la diagonale des mêmes piliers.

Si le Gouvernement, dédaignant l'avis des architectes consigné dans leurs mémoires rendus publics, se fut confié aux vérifications, à la garantie formelle des mathématiciens dont tous les calculs, dès l'origine de la construction des piliers du dôme de Sainte-Geneviève, ont affirmé la solidité, certes, il n'existeroit plus.

(1) Journal des Bâtimens, des Monu-mens et des Arts, n°. 324, 19. vendémiaire an XII(1803), p. 91.

Il est de notoriété publique que, malgré les premiers étaiemens exécutés, les effets de désunion n'ont point cessé de se prolonger dans toutes les voûtes adhérentes aux quatre piliers. Celles des tribunes, en 1803, se déchiroient d'une manière effrayante, accidens que j'ai constatés moi-même avant l'accroissement fait depuis cette époque, aux étaiemens actuels.

Donc les erreurs commises par des hommes pourvus de connoissances profondes en mathématiques, dans le jugement qu'ils ont porté sur l'état des piliers du dôme du Panthéon, malgré la présence physique des corps sur lesquels ils opéroient ; ces erreurs prouvent l'impuissance des calculs algébriques appliqués à la construction des bâtimens.

Donc *la science n'a pas tout soumis à des calculs fixes et certains*, et n'a point *opéré de nos jours des améliorations dans la construction.*

Au contraire, l'invasion faite par les savans dans l'architecture, au siècle de lumières, a causé le désordre dans l'ordonnance, comme le prouvent les édifices de toute espèce répandus sur le sol de la France, et qu'ils ont osé ériger. Cette invasion de plus, a semé des germes de destruction dans nos bâtimens, ainsi que j'en ai fait la remarque dans le cours de ce chapitre.

L'architecture seule a résolu le problème sur la nécessité des étaiemens du dôme du Panthéon. L'architecture seule consolidera un jour avec succès ce temple magnifique et précieux ; car il faut croire que ses destinées le confieront alors à des mains assez habiles pour donner la perfection dans l'ordonnance, et accroître dans le plan les masses qui manquent aux piliers, accroissement sans lequel toute restauration sera téméraire et infructueuse.

Les

Les différentes parties de ce discours ont assez fait connoître le plan théorique et pratique que je trace pour acquérir la science de la construction des bâtimens sur la solidité desquels il faut, avant tout, s'en rapporter à la foi des siècles.

Les études de l'art de bâtir que je conseille de suivre de préférence, et sur lesquelles je devois m'expliquer, afin de détruire les échasses scientifiques dont se sert une classe de constructeurs modernes, pour propager leur fausse doctrine; ces études ne sont nullement les plus faciles pour être architecte habile : elles sont beaucoup plus longues que celles dont les sciences exactes seroient le fond principal. Les mathématiques, même les transcendantes, sont faciles à posséder (1). Un écolier d'un esprit ordinaire devient, en quelques années, un prodige en ce genre de science (2).

Il en est tout autrement de l'étude de l'architecture : pour parvenir à la bien connoître, elle exige le travail le plus actif, le plus soutenu, la durée entière de la vie de l'artiste; elle embrasse toutes les combinaisons dont les corps sont susceptibles dans l'ordonnance et dans la construction. Cette étude est la science de grandeurs particulières ou de mathématiques spéciales, matérielles, si je puis m'exprimer ainsi. Mais, pour les mettre en rapport entre elles, avec succès, l'architecte doit posséder le génie de son art : le *pectus quod facit disertos*.

« Avec du travail on acquiert la science; il faut plus que du travail
« pour s'élever au-dessus de la science, pour découvrir ces principes gé-
« néraux d'où découlent tous les autres principes, pour les suivre dans

---

(1) Décadence de l'architecture, etc., p. 32.

(2) Le grand nombre d'élèves qui obtiennent des succès éclatans dans les concours de l'École polytechnique, sur toutes les branches des hautes sciences, confirment ma proposition.

H

« toutes leurs ramifications, sans jamais les confondre. Le génie lui-
« même n'est pas trop grand pour une pareille entreprise. »

Les Pierre Lescot, les Desbrosses, les Ducerceau, les Mansard, les
Perrault, les Servandoni ont tous possédé le génie qui commande à la
science.

C'est pourquoi, et par suite des assertions évidentes qui composent
ce chapitre, sur l'impuissance des théories mathématiques pour assigner
les vraies limites de la solidité dans les bâtimens; par suite des principes généraux de la construction qui y sont développés; par suite de
la connexité absolue qui existe dans toutes les parties du même art,
vérité suffisamment établie; enfin par suite des dangers auxquels les
sciences exactes exposent dans l'application des théories qu'elles ensei-
gnent, comme les faits les plus constans l'attestent; j'interdis à l'architecte de trop se livrer à l'étude de ces mêmes sciences; les élémens lui
suffisent (1). Vitruve a dit:

« L'architecte est assez instruit, qui réunit des notions ordinaires
« des différentes sciences dont l'architecture obtient des secours....

« Ceux qui possèdent éminemment la géométrie, l'astronomie, la
« musique, etc., sont des mathématiciens, classe distincte des archi-
« tectes. *Prœtereunt officia architectorum* (2). »

(1) Pour déterminer le degré de connoissance que l'architecte doit avoir en
mathématiques, je dirai qu'il doit bien
entendre les traités de l'arithmétique et de
la géométrie de Mauduit. Ce savant célèbre, professeur de l'académie d'architecture, les a faits dans l'intention qu'ils
fussent utiles aux architectes.

(2) *Ergo satis abunde is videtur fe-
cisse, qui ex singulis doctrinis partes et
rationes earum mediocriter habet notas,
easque quæ necessariæ sunt ad architec-
turam, etc.*

*M. Vitruvii Pollionis de architecturâ
libri decem. Lugduni M. D. LII.*

Je crois n'avoir en rien altéré le sens du
texte latin dans la traduction que j'en
donne, et que l'on ne me taxera point de
faire parler Vitruve, selon mon opinion
particulière.

Que l'on cesse donc de nous dire :

« Depuis soixante-quinze ans, la théorie mathématique, physique
« et chimique des constructions a fait de grands progrès, dus aux pro-
« grès rapides de toutes les sciences sur lesquelles cette théorie repose....
« Elle a perfectionné la science pratique des constructions. »

Dans les arts, les preuves de leurs succès s'établissent par les productions qu'ils nous offrent. Quels sont donc les ponts, les canaux, les
aqueducs, les temples, les édifices publics exécutés depuis soixante-
quinze ans qui l'emportent en solidité, en beauté sur ceux construits
en France dans tous les genres, dans toutes les espèces, avant cette
époque ?

Les admirateurs des nouveaux systèmes de bâtir, selon la théorie
mathématique, physique et chimique, citeront-ils les quatre nouveaux
ponts de Paris, dont j'ai rendu un compte fidèle ; citeront-ils la construction des culées du pont du Louvre et celle du quai Bonaparte, dans
sa partie vers l'*est*, dont mon ouvrage des fondemens des édifices rend
compte (1)? Ces admirateurs citeront-ils la manière nouvelle de la
construction des fondemens du même quai vers l'*ouest*? Ici, comme je
l'ai constaté moi-même, les fondations consistent en des piles toutes
en moëlons seulement, de six pieds carrés sur douze pieds de profondeur,
distantes entre leurs axes de douze pieds, et unies par des arcs. L'espace
intermédiaire est un massif de terres conservées (2).

L'on peut prophétiser sans inspiration divine, que les ponts et les
quais modernes de Paris n'offriront point de vestiges, après quinze

(1) Des fondemens des bàtimens publics
et particuliers.
Paris, an XI (1804).

(2) Le Journal des Bàtimens a rendu un
compte intéressant sur cette construction.
Nᵒ. 396, 1ᵉʳ. messidor an XII.

siècles, capables de faire une impression pareille à celle qu'Alexandre éprouva à l'aspect des ruines de Babylone.

Tout ce qui précède fait juger que les mathématiques et l'architecture sont très - distinctes l'une de l'autre. Trop de gens regardent celle - ci comme suffragante des sciences. Il n'est pas d'erreur plus grossière. Ce n'est point aux mathématiques que nous devons les châteaux de Mousseaux en Brie (1), de Richelieu (2), de Veau (3), de Maisons (4), de Marly, de Versailles et de l'orangerie, qui se groupe si heureusement avec cet immense château, à l'exposition du midi (5). Ce n'est point aux mathématiques que nous devons l'aqueduc d'Arcueil, qui rivalise avec ceux de l'antiquité les plus beaux (6); le Pont-neuf (7), etc., etc. Ce n'est point aux mathématiques que nous devons les temples du Val-de-Grâce (8), des Invalides (9); le portique de Saint-Sulpice, etc., etc. L'architecture a su produire et les formes et assurer par elles les forces qui constituent ces chefs-d'œuvre nombreux et divers.

Les remarques suivantes completteront les dissertations, les différens commentaires que le sujet de ce discours a exigés.

Le caractère propre et particulier des hautes sciences et celui des arts de goût sont tellement dissemblables entre eux, qu'on les distingue dans la culture que font des unes et des autres les peuples de l'Europe. Ceux du nord, avec eux, les Anglais, possèdent les sciences exactes à l'égal des nations les plus éclairées du midi. Ces mêmes peuples sont restés voisins de la barbarie dans l'architecture, la peinture et la sculpture. L'on ne compte chez eux que quelques architectes dignes de ce nom. Chez

(1) Desbrosses en est l'auteur.
(2) Construit par Lemercier.
(3) Érigé par François Mansard, pour le fameux Fouquet.
(4) Par François Mansard.

(5) Jules-Hardouin Mansard.
(6) Desbrosses.
(7) Bâti par Ducerceau.
(8) François Mansard, le Muet.
(9) Jules-Hardouin Mansard.

les Anglais, malgré les voyages dans toutes les contrées où l'architecture a régné, malgré les dépenses qu'ils ont faites pour conserver par le dessin et la gravure, les plus célèbres ruines de l'antiquité ; néanmoins les édifices les plus marquans chez eux portent une teinte sauvage dans leur ordonnance, quoiqu'ingénieux dans leurs plans et composés d'élémens puisés dans les sources antiques. Tels à Londres, Mansionhouse, the Bank, Whitehall, la prison de Newgate, l'hôpital de Plimouth (1), celui of Greenwich, Saint-Pauls-Cathédral, etc., etc.

J'ajouterai pour exemple de l'architecture du nord, le palais connu sous le nom de *Sans-Souci*, très-célèbre par le souverain qui l'a fait bâtir, Frédéric - le - Grand, roi de Prusse. Ce palais, par ses masses importantes, la richesse de ses décorations extérieures, sa coupole au centre, celles latérales, en impose aux yeux ordinaires. Les pilastres composites qui en font l'ordonnance, les détails divers des chambranles des portes et des croisées ; les œils de bœuf au second étage ; les profils en général ; toutes ces parties tiennent au style des plus grands édifices de l'Allemagne, bien éloigné du style antique, quoique l'on y fait usage des ordres grecs, mais totalement dénaturés (2).

(1) Le plan de cet hôpital est très-ingénieux ; il a servi à la disposition des salles, toutes parallèles, de l'Hôtel-Dieu que j'ai composé en 1778 pour être construit à Paris près Chaillot, en face de l'île des Cygnes. Mes dessins ont été gravés en 1780, et se trouvent dans les mémoires de l'académie des sciences, année 1787, pag. 600, pl. XVIII, XIX.

Je viens de composer des plans sur la demande de l'administration, pour l'accroissement de l'hôpital des Enfans malades, rue de Sève, près le boulevard. J'ai fait les masses des bâtimens nouveaux, isolées et parallèles à la manière de l'hôpital de Plimouth. Ces plans seront gravés, et feront partie de mon volume de planches.

(2) La gravure de ce palais se trouve chez Schuster, à Berlin.

L'on peut consulter diverses collections d'architecture du nord ; celle des édifices de Londre : *Select Wiews*, in London.

Le Traité des Constructions rurales traduit de l'anglais.

Paris, 1802.

Le Traité des Bâtimens propres à loger les animaux qui sont nécessaires à l'économie rurale, Leipsig. 1802.

Les Français et les Italiens ont seuls hérité des anciens ce sentiment délicat, ce jugement fin avec lesquels ils ont donné à leur architecture le grandiose dans les masses, la pureté dans le style, et tout-à-la-fois la solidité mâle que les édifices doivent réunir.

Ce que j'avance en faveur des Français n'est nullement inspiré par prédilection pour le pays qui m'a vu naître ; c'est une vérité qu'attestent les belles productions en bâtimens qui les honorent. Cette vérité est sentie par les étrangers qui, dans tous les tems, ont appelé chez eux les architectes de notre nation pour la construction de monumens qu'ils vouloient avoir d'une noble et grande ordonnance. Dans ce moment, la Russie, la Suède et beaucoup d'autres puissances emploient et accueillent les talens de nos concitoyens. L'on sait que le théâtre de Saint-Pétersbourg qui vient d'être construit, et le plus considérable de tous ceux qui existent en Europe ; le monument élevé à Upsal en l'honneur de Linnée ; la Bourse neuve de Hambourg, sont les ouvrages de Français (1). La cause de cette faveur est la même que celle qui a procuré à notre littérature un succès général chez tous les peuples civilisés, parce que tous les beaux arts ont des principes qui leur sont communs. Aussi la réflexion suivante appliquée aux lettres, convient-elle également à l'architecture.

« La littérature ancienne devenant le seul guide de nos auteurs, nous « sommes arrivés à leur perfection, avec un éclat dans tous les genres,

---

(1) Thomas de Thomon, architecte de l'Empereur de toutes les Russies.

M. Després, premier architecte du roi de Suède.

M. Ramé, architecte de la république de Hambourg.

La cour de Vienne et d'autres empires envoyoient à Paris, avant la révolution, des pensionnaires pour y suivre nos cours publics d'architecture, et y étudier les beaux édifices de la capitale de la France.

J'ai été lié avec l'un de ces élèves, qui a fait ensuite le voyage d'Italie.

« qui , depuis la naissance des lettres , n'a appartenu qu'à notre
« nation. »

RENDONS ici hommage au Gouvernement qui a si bien jugé la différence qui existe entre les mathématiques et l'architecture , qu'il a con-
servé l'école spéciale de Paris , pour l'enseignement de cet art , et a re-
créé le pensionnat de Rome. Le Gouvernement s'est défendu de fondre
les écoles antiques de peinture , sculpture et architecture , avec ces ins-
titutions nouvelles où l'on professe tout ensemble, les sciences exactes ,
la physique , l'astronomie, la chimie , la botanique , etc. , etc. Un bon
génie a préservé l'autorité de faire une pareille confusion.

MAIS l'amour indéfini de la réforme et du perfectionnement ne cesse
d'être la manie du jour.

« Ce n'est pas que ceux qui ont la fantaisie de réformer voient mieux
« ou qu'ils en sachent plus que les autres , c'est au contraire parce qu'ils
« voient plus mal et qu'ils savent moins bien. »

CETTE manie d'innovation s'est répandue jusque sur les opérations
de bâtimens. Aujourd'hui la disposition des plans , l'ordonnance , la
nature et l'espèce de construction , le mode de l'exécution , toutes les
parties qui tiennent à la science de l'art , sont méconnues dans trop
d'édifices publics. Il importe donc que l'administrateur habile envi-
sage les travaux qu'il ordonne sous leur vrai point de vue , et qu'il sache
que :

« POUR bien juger des choses, il faut les considérer en grand. »

AINSI , le plan d'un bâtiment public quelconque doit offrir , sous le
rapport de l'ordonnance , des relations étudiées entre le tout et les parties ; les façades avoir des divisions harmonieuses , et toujours por-

tant le caractère propre à son objet ; tandis que sous le rapport de la construction , le corps de l'édifice entier doit être fortement constitué et réunir conséquemment tous les moyens de solidité , calculés d'après les principes de l'art de bâtir.

L'ABANDON de ces principes , provoqué il y a vingt-cinq ans par une fausse économie dans des bâtimens publics , les a livrés à des effets rapides de destruction , et après avoir écrasé sur leurs bases , il a fallu bientôt les démolir (1).

LE mode des adjudications au rabais , adopté alors , et qui reparoît aujourd'hui pour l'exécution des travaux ordonnés par l'État , ce mode , indépendamment de tous les inconvéniens qui marchent à sa suite , porte une atteinte fatale à l'industrie. Déja l'émulation s'éteint chez les ouvriers ; il ne s'agit plus pour eux de bien faire , mais de beaucoup expédier d'ouvrages. La main-d'œuvre est maintenant dégénérée d'une manière effrayante dans la maçonnerie , la charpente , la serrurerie et la menuiserie ; et entre les ouvriers intelligens qui nous restent , ils sont livrés à un découragement général.

CET état de choses est connu de tous les architectes qui bâtissent et qui savent apprécier le mérite d'une bonne main-d'œuvre , si nécessaire à l'expression fidèle de toutes les parties de leurs compositions , et si propre à concourir à leur durée. Je fais une expérience pénible et journalière des progrès de l'ignorance chez nos ouvriers.

DONC pour garantir d'une part les constructions publiques en tout genre et de toute espèce , des vices inévitables et des fausses dépenses qui résultent des adjudications ; il faut abandonner ce mode dangereux.

(1) J'ai été chargé de la démolition , il y a deux ans , d'un bâtiment construit en 1779 , et qui avoit été mis sous étais trois ans auparavant.

Car

Car « dans toute espèce d'entreprise mise au rabais , de deux choses
« l'une; il faut que l'État ou l'entrepreneur soit dupe (1). »

D'UNE autre part , si les travaux publics se multiplient et s'exécutent
selon l'usage ordinaire , l'industrie renaît parmi les ouvriers de bâtimens , et la perfection ancienne de la main-d'œuvre reparoît dans toutes
nos constructions.

J'AI fait connoître, dans mon discours sur la décadence de l'architecture , à la fin du 18e. siècle , les motifs impérieux pour l'architecte , de
se livrer à l'étude de l'ordonnance et de la construction. Dans celui-
ci , je désigne quelle est l'espèce de cours qu'il doit suivre , j'y prouve
que tout principe de construction , quel que soit l'édifice et son module ,
dépend uniquement de la connexité qui existe dans toutes les parties de
l'architecture.

MAINTENANT , et avant de terminer ce chapitre , j'observerai que les
architectes distingués par de grandes et belles productions , ne doivent
jamais cesser de méditer sur leur art. Il existe plus d'un exemple récent
de compositions heureuses qui offrent dans la construction des taches ,
des négligences d'écoliers , que plus d'assiduité , plus de tenue à l'étude
des moyens de solidité n'auroient point permis de paroître. C'est pourquoi , à la manière des grands architectes qui nous ont précédés , il ne
faut pas laisser écouler un seul jour sans consacrer, au moins quelques
instans , soit au dessin , soit à tout autre travail spécial à l'architecture.
Ainsi ont vécu les auteurs de nos plus beaux édifices. Il faut d'ailleurs ,
comme eux , résoudre les problêmes de construction que présente sans
cesse l'exécution des bâtimens de tous les genres. Il faut ne jamais confier un travail aussi essentiel à des mains étrangères.

(1) Annales de l'architecture et des   N°. 11., 21 floréal an XIII (1805).
arts.

PHILIBERT DELORME n'a point cessé de bâtir, ni de méditer sur les
principes de son art; il traçoit de sa main et les proportions propres à
l'ordonnance de ses bâtimens, et leur appareil; il assignoit lui-même les
conditions, les qualités que la solidité requiert. Ses nombreux et importans édifices, ses excellens écrits nous le prouvent.

BLONDEL, quoique très-versé dans les mathématiques, essentiellement
architecte par son génie, a fait des cours publics (1); il a de plus produit
de savans commentaires sur son art.

PERRAULT, avant d'avoir rien composé ni construit, étudia longtems
les grands modèles de l'architecture antique et moderne; il médita pro-
fondément sur les écrits de Vitruve, dont il traduisit le texte obscur,
et l'éclaircit par des notes lumineuses et instructives. C'est après tant de
veilles, de travail et de recherches qu'il créa le péristyle du Louvre,
érigea l'Observatoire, fonda l'arc de triomphe à la barrière du Trône,
supérieur en beautés et en grandeur à tout ce que nous connoissons des
anciens en ce genre. Perrault encore, dans le cours d'une vie longue
et glorieuse, passant sans cesse de l'étude de l'organisation des êtres
animés (2) à celle dont les solides sont susceptibles dans les grands édifices, n'a point dédaigné de composer, à la fin de sa carrière, un
traité des premiers principes d'architecture.

LE plan de l'ouvrage auquel appartient ce discours est, je pense,
assez apperçu : les principes généraux le composent seuls. Mon desir
et ma tâche est de les rendre substantiels. Car « si l'on veut propager
« les études, il faut les rendre faciles, et ne pas délayer la science dans
« une foule de volumes. »

(1) Cours d'architecture divisé en cinq   (2) OEuvres diverses de physique et de
parties, volume de 799 pages.   mécanique, 2 volumes.
   Paris, 1698.   Leyde, 1721.

HORACE a dit :

« QUE l'ouvrage soit court afin que l'attention se soutienne , autrement
« elle languit accablée par la surabondance du discours. »

LES destinées de la France n'ont pas attendu le 18e siècle et celui qui
commence , pour nous éclairer dans l'art de bâtir. Les chefs-d'œuvre
d'architecture, chez nous, qui datent , comme on le sait, depuis deux
cents ans , sont des livres ouverts qui nous donnent des principes vivans ; les meilleurs et les plus certains sur l'ordonnance et la construction. De plus , nous sommes en possession de vraies richesses en instructions consignées dans de très-bons écrits qui sont le dépôt de la
science. Nous ne pouvons maintenant que glaner dans un champ où
les plus vigilans moissonneurs ont recueilli des fruits abondans et dignes
de leurs honorables labeurs ; nous ne pouvons qu'ajouter quelques
gerbes à la récolte qu'ils ont faite, et selon la pensée suivante :

« L'ON peut dire que de nos jours , le génie a moins besoin de dé-
« couvertes à faire que la raison et le goût n'ont de sottises à ré-
« futer. »

NÉANMOINS , quiconque compose et construit des édifices., deux exer-
cices nécessaires pour pouvoir écrire sur l'architecture avec succès (1) ,
et qu'un motif louable inspire , s'il est assez heureux pour trouver des
développemens nouveaux et d'une utilité réelle, assez habile pour faire
des rapprochemens instructifs ; alors , qu'un tel architecte publie ses
pensées , qu'il forme un corps d'ouvrage, afin d'entretenir la culture

______

(1) Les ouvrages qui renferment les leçons les plus utiles , et qui sont les plus
estimés , sont tous faits par des architectes
ordonnateurs et constructeurs. Sans ces
qualités réunies , un auteur ne peut produire que des compilations. Si de pareils
écrits prouvent de l'érudition , ils n'ap-
prennent rien au lecteur instruit, et l'ouvrage n'a aucun intérêt.

J 2

de l'art, le défendre des atteintes de la barbarie dans les formes, de l'artifice, de la témérité dans l'exécution. Mais aussi, que toujours ses principes soient en concordance avec ceux sanctionnés par le tems. Il faut, d'ailleurs, n'offrir toutes nouvelles productions en ce genre que pour des corollaires de propositions traitées avant nous. Il faut ne menquer jamais à citer scrupuleusement les sources où elles se trouvent. C'est en rendant hommage à ses maîtres, justice à ceux qui marchent sur leurs traces, que l'on parvient à fixer pour soi-même l'estime de ses contemporains et de la postérité. Pensons qu'il est impossible d'éclipser les premiers; leurs hautes pensées, leur profond savoir sont trop connus; il est impossible aussi de faire oublier les seconds. Ce n'est pas tout : le public est là pour juger tout plagiaire qui ose se vêtir des dépouilles d'autrui (1).

« QUAND on est assez riche de son propre fond, on ne craint pas de « rendre à chacun ce qui lui appartient. »

GARDONS-NOUS enfin du fol orgueil, du charlatanisme audacieux et téméraire qui nous feroient prétendre l'emporter en génie, en savoir sur les grands hommes qui nous ont précédés dans la carrière de l'architecture. « L'on nous jugeroit, avec raison, des nains montés sur les « épaules des géans. »

POUR remplir le cadre que je me suis tracé pour ce second volume, il comprendra, à la suite de ce chapitre, les sujets suivans, savoir : des Fondemens des Édifices publics et particuliers (2), des Points d'appui

---

(1) Il vient de paroître un ouvrage, format *in-8ª.*, véritable plagiat, d'un excellent mémoire publié par un savant célèbre, il y a dix-huit ans. Le Journal des Arts en a fait justice. N°. 398, 10 pluviôse an XIII, p. 171, article Architecture.

(2) Publié en l'an XII (1804).

indirects (1), de la Construction des Édifices publics sans l'emploi du fer (2); Construction des Entablemens et des Plafonds (3) ; de l'Usage du fer dans les bâtimens particuliers (4); Moyens pour la Restauration des piliers du dôme du Panthéon - Français (5) ; Plan et Coupes du projet de restauration (6). Dans les développemens de ces divers sujets, les exemples , les citations, les autorités des grands maîtres viennent fortifier les lois de l'art de bâtir que je professe. Car « pour pénétrer dans « le sanctuaire de la vérité , il faut réunir des faits incontestables. »

Or , il est incontestable que les principes de la construction , établis sur des bases aussi solides que celles que je présente , garantiront de toute méprise dans l'exécution des bâtimens , et leur procureront la plus longue durée dont les ouvrages des hommes soient susceptibles. Il est incontestable que les principes hypothétiques , que la science des infiniment petits , des infiniment grands ne peuvent être un préservatif efficace contre l'erreur, dans la construction des édifices les plus importans , de toute nature et de toute espèce. Les faits consignés dans ce discours l'ont démontré. Les faits que j'invoque dans les chapitres suivans de cette seconde partie des Principes de l'ordonnance et de la construction , confirment la vérité que je proclame.

L'ARCHITECTURE se suffit à elle-même , elle crée les principes qui la constituent.

MAIS par une fatalité remarquable , la stagnation où se trouvent aujourd'hui les travaux des bâtimens civils, a livré des architectes à un esprit de fermentation pour produire des écrits; et nous sommes inondés d'ouvrages remplis des assertions les plus hasardées , des vues les

(1) Paris, an IX (1801).

(2) An XI (1803).

(3) Année *idem*.

(4) Année *idem*.

(5) Publiés en 1797.

(6) Publiés en 1798.

plus irréfléchies. Par suite, les idées sur l'essence de l'architecture se brouillent et se confondent; les principes sont méconnus; l'ordonnance et la construction dégénèrent de plus en plus.

TEL de ces ouvrages divise l'architecture en deux sections, considérée seulement sous le rapport de l'ordonnance, l'une, la partie linéaire; l'autre, la partie ornement : et comme la première offre *la matière dans ses trois dimensions, etc., etc., elle appartient aux mathématiques; la seconde section ressortit spécialement de l'imagination et du goût.*

D'APRÈS ce système : l'orangerie de Versailles, toute linéaire, que nul ornement ne décore, dont les dispositions générales des plans, dont les masses, les proportions forment un tout de la plus heureuse conception et digne du génie propre de l'architecture; l'orangerie de Versailles seroit le fruit des sciences exactes ! Ainsi, et d'après ce même système, le caractère propre à chaque édifice ne lui seroit imprimé que par les ornemens; ainsi l'accessoire l'emporteroit sur l'invention des plans et de l'ordonnance. De semblables assertions tendent à porter les élèves, de préférence, vers l'étude des ornemens, et à leur faire dédaigner la première, la plus importante étude, celle du corps même de leur art. Disserter ainsi sur l'architecture, c'est publier que l'on ignore son principe fondamental, l'eurithmie, que le linéaire seul peut exprimer. Avancer que l'ordonnance, qui s'exprime par trois dimensions, appartient aux mathématiques, une pareille assertion prouve assez que l'auteur ne connoît point les sciences, et qu'il a sur son art des notions aussi légères que dangereuses.

PARMI cette foule de nouveaux ouvrages encore, il en est dont les auteurs ne jugent que les sciences physico-mathématiques propres pour ériger des édifices; ils n'apperçoivent dans l'architecture que des matériaux à classer, selon un ordre établi par le calcul. A la vérité, ces savans, comme l'a dit Montesquieu :

« Ne voient, dans un superbe château et dans de magnifiques jardins,
« qu'un bâtiment de soixante pieds de long sur trente-quatre de large,
« et un bosquet barlong de dix arpens. »

Indépendamment de ces sortes d'ouvrages d'architecture de toute espèce
qui se succèdent; des programmes sur cet art se publient, et les plus
remarquables se composent des questions suivantes :

« Y a - t - il un genre de beautés relatif à chaque espèce d'archi-
« tecture ?

« Ce qui constitue la beauté dans chacune est - il susceptible d'être
« appliqué à l'autre indifféremment?

« Le mélange de ces différentes architectures peut - il produire des
« beautés réelles? »

Où de pareilles idées ont-elles pris naissance ?

« Est-ce chez les Hurons, chez les Topinamboux (1)? »

Tant de fluctuations, tant de rêveries qui agitent les gens du métier
même sur l'essence de l'architecture, sont d'autant plus redoutables
dans leurs effets, que l'académie de Paris n'existe plus. Ce corps imposant par sa masse et ses lumières, étoit la sauve-garde des vrais principes, qu'il a constamment fait revivre après avoir été altérés à diverses
époques, sous le double rapport de l'ordonnance et de la construction.
La suppression de cette compagnie illustre est une perte bien sensible
dans toutes les circonstances où les questions les plus importantes se
présentent à résoudre, et qui tiennent à la science de l'art.

(1) Boileau.

Si l'académie d'architecture existoit encore, l'arrêt fatal contre la machine de Marly n'auroit pas été prononcé. Si elle existoit encore, le choix pour la restauration définitive de la cour du Louvre, entre l'ordonnance de Pierre Lescot et celle de Perrault, l'une terminée par un attique, l'autre par un troisième ordre, eut été fait après les plus mûres délibérations, pour admettre exclusivement l'une de ces deux ordonnances, ou en déterminer le passage et l'union entre les parties à supprimer et celles à conserver. Cette restauration importante intéresse et les arts et les finances de l'État, dans les démolitions et les reconstructions considérables qu'elle nécessitera, n'importe l'ordonnance qui sera adoptée.

Sous l'influence de l'académie, sous son égide protectrice, l'on ne se seroit jamais permis, comme cela se fait sous nos yeux, de corrompre par des additions extérieures, l'harmonie dans l'ordonnance de l'un des premiers monumens de l'univers, et qui décore avec tant d'éclat la capitale. Le défaut de la science chez les auteurs est la cause de ces altérations dans nos chefs-d'œuvre. Il est évident qu'ils ne se doutent point que dans une bonne composition d'architecture, comme dans tous les ouvrages qui appartiennent aux beaux arts, la concordance entre les parties est telle, qu'il est impossible d'y ajouter ou d'y retrancher aucune chose. Si cette licence qui s'annonce se propageoit, il ne faudroit pas cinquante ans pour que nos plus beaux monumens publics fussent dénaturés. Tout fait craindre qu'un exemple aussi dangereux ne soit imité. Voilà pour l'ordonnance.

Mais d'une autre part, l'on se permet de nos jours, dans des édifices de la première classe, de détruire des murs pour en changer les distributions intérieures; on les soumet, comme l'on fait une étoffe, à toutes sortes de coupures. Il n'est pas d'opération plus contraire à la solidité; c'est briser les liens qui unissent les façades entre elles; c'est enlever des siècles à la durée de l'édifice. En vain l'on substitue de nou-

veaux

veaux murs. Jamais il ne peuvent être dans les rapports fixés par les premiers plans ; jamais ils ne peuvent avoir une liaison complette avec les anciennes constructions.

ENFIN , si l'académie n'étoit point détruite, l'état réel de ruine des piliers du dôme du Panthéon ne seroit plus un problème pour personne. Son jugement eût mis fin aux assertions inconsidérées que l'on ne cesse successivement de produire à ce sujet. Les unes garantissent la solidité de ces piliers dans leur première construction ; les autres assurent que la solidité ne sera complette que dans leur rétablissement , selon le plan actuel , mais en s'interdisant le démaigrissement des assises , moyen employé dans la construction existante. Cette dernière assertion est fondée , selon l'auteur , sur ce que :

« LA résistance des piédroits est au moins dix fois plus grande que le « poids qu'ils ont à soutenir (1). »

L'ACADÉMIE eût condamné ces diverses assertions, les premières, parce qu'elles compromettoient la sûreté publique; les autres, afin de défendre pour l'avenir , d'employer une forme aussi vicieuse que celle des piliers qui est triangulaire , et de faire sentir d'ailleurs tous les inconvéniens inévitables qu'entraîne une disproportion pareille à celle qui a lieu dans ces mêmes piliers, entre la petitesse de leur volume et les énormes masses qu'ils portent.

OR , dans l'isolement, dans la dispersion où se trouve la majorité des membres les plus distingués entre les architectes qui existent aujourd'hui en France ; il faut pour conserver la prééminence dont elle jouit encore, il faut que les vrais architectes luttent courageusement contre ces écoliers de tout âge , ces novateurs qui veulent opérer une révolu-

(1) Journal des Arts, n°. 398, 10 pluviôse an XIII, page 192.

K

tion dans leur art , et qui tendent à anéantir et l'ordonnance et la construction , telles que nous les devons aux anciens et à nos pères. Ces
artistes superficiels et téméraires semblent avoir adopté cette monstrueuse
pensée :

« RIEN n'est vrai sur rien. »

ILS se croient ainsi dispensés de reconnoître aucun principe.

OPPOSONS à cet égarement redoutable de l'esprit la définition suivante
de l'un des plus grands génies que le 18e. siècle ait produits.

« LES principes de l'architecture appartiennent aux deux premières
« classes des vérités qui sont à la portée de notre connoissance, les vé-
« rités des sens, les vérités de l'entendement ; celles-là , fondées sur
« l'expérience , celles-ci prouvées par des démonstrations (1). »

CE chapitre que je termine, dévoile les erreurs faites dans l'application
des théories que la statique enseigne ; il traite de la construction en général , en développe les principes théoriques et pratiques dans les
exemples de monumens qui les renferment ; il fait connoître leur vio-
lation dans certains édifices ; ce chapitre , enfin , s'accorde avec les
définitions que j'ai données dans la première partie de cet ouvrage , où
j'avance : que l'architecture dépend des divisions et des rapports que
les lignes ont entre elles , et que la science des lignes est la science élé-
mentaire de cet art (2) ; cette sorte d'axiôme acquerra une nouvelle
force dans cette seconde partie où j'expose les motifs , les moyens pour
obtenir une solidité positive , permanente dans les constructions les plus
difficiles et les plus considérables , tous puisés dans l'eurithmie ; au lieu

(1) Lettres d'Euler à une princesse d'Allemagne , sur divers sujets de physique et
de philosophie. Mittau et Leipsig , 1774.

(2) Principes de l'ordonnance, etc.
Chapitre XXV, p. 153. Paris , 1797.

de se livrer à une solidité artificielle et précaire, la seule que puissent procurer les mathématiques.

Selon un critique célèbre :

« Sans une solidité absolue dans un bâtiment, il n'y a point de beauté « réelle en architecture (1). »

Au reste, je ne me flatte point de ramener tous les esprits à la vérité par les dissertations diverses et étendues qui composent ce chapitre : « c'est au tems et à une force bien plus puissante encore à les faire « fructifier. »

(1) Recherches philosophiques sur les   Tome 2, p. 14. Berlin, 1773.
Egyptiens et les Chinois.

FIN.

Erratum.   Page 6, ligne 13, fait, *lisez* suit.